●高等学校创新创业教育通用教材●

大学生创新发明与专利申请教程

DAXUESHENG CHUANGXIN FAMING YU ZHUANLI SHENQING JIAOCHENG

安徽省知识产权研究会　组编

主　编　陈淮民　张和平
主　审　刘　栋

合肥工业大学出版社

书　名	大学生创新发明与专利申请教程
组　编	安徽省知识产权研究会
主　编	陈淮民　张和平
主　审	刘　栋
策划编辑	权　怡
责任编辑	王　磊
特约编辑	刘　昭
封面设计	王　美
出　版	合肥工业大学出版社
地　址	合肥市屯溪路193号
电　话	总　编　室：0551-6290 3038 市场营销部：0551-6290 3188
网　址	www. hfutpress. com. cn
开　本	710毫米×1010毫米　1/16
印　张	14.5
字　数	221千字
版　次	2017年2月第1版
印　次	2023年8月第4次印刷
印　刷	安徽昶颉包装印务有限责任公司
书　号	ISBN 978-7-5650-3277-6
定　价	42.00元

图书在版编目(CIP)数据

大学生创新发明与专利申请教程/陈淮民,张和平主编.—合肥:合肥工业大学出版社,2017.2(2023.8重印)

ISBN 978-7-5650-3277-6

Ⅰ.①大…　Ⅱ.①陈…②张…　Ⅲ.①专利申请—中国—高等学校—教材　Ⅳ.①G306.3

中国版本图书馆CIP数据核字(2017)第031538号

本书编写组

主　审 刘　栋

主　编 陈淮民　张和平

副主编 宋　斌　吴明华

参编人员（以姓氏笔画为序）

艾永冠　田　汉　冯　栋　刘　星　许俊翠

孙　靓　杨秀丽　沈　炎　沈豫浙　张仁琼

张犁朦　陈圆方　郑红莺　郑志强　赵冠艳

胡海洋　姜曙光　彭小宝　程卫东　褚　楚

参编单位（含教学实践学校）

合肥工业大学

中国科学技术大学

安徽师范大学

安徽农业大学

安徽理工大学

安徽建筑大学

安徽省委党校

淮北师范大学

合肥师范学院

亳州学院

中国科学院合肥物质科学研究院

安徽省科学技术情报研究所

国家知识产权局专利局合肥代办处

安徽江淮律师事务所

李克强总理在政府工作报告中提出的“大众创业、万众创新”已在全国形成新的浪潮。国务院办公厅2015年5月印发《关于深化高等学校创新创业教育改革的实施意见》，该《意见》对于各地区、各高校制订深化本地本校创新创业教育改革的实施方案，强化创新创业实践，加强教师创新创业教育教学能力建设，完善创新创业资金支持和政策保障体系等，具有指导意义。《安徽省专利条例》指出：“教育行政部门和学校应当将专利知识纳入学生素质教育内容，鼓励开展创新活动，培养学生专利意识。支持高等学校设置与专利相关的课程、专业。”显而易见，在国家和政府层面上，对于创新教育以及专利知识的普及教育是非常重视的。大学生在校学习期间开展创新实践活动，必然会提高大学生的整体素质，增强其综合能力。

对于高校来说，对大学生进行创新教育、强化创新精神、唤醒发明意识，培养大学生的创新创造能力和科研动手能力，是现在也是今后的一项重要日常工作。对于大学生而言，他们希望得到创新项目的训练和科学素养的培养。然而，很多学校缺少这方面的教育和培训，或者说是存在薄弱环节，致使许多大学生怀揣着发明创新的梦想，却找不到前行的方向。对于众多在校大学生来说，“怎样做出发明”是许多人很少涉足的、酷似神秘的领域；至于“如何写出专利”，更是大家极少触及的、很难掌握的技能。为满足同学们的期望和需求，我们编写了这本《大学生创新发明与专利申请教程》。

全书的编排，围绕“做出发明”“写出专利”两个主要技能展开，让大学生们对这样一个过程有一个全面、系统的认识，希望大学生们在学习基本知识的同时又能掌握实践技能。全书分为6章，包括绪论、创新与创新意识的培养、发明创造技法、专利基础知识、申请专利前的各项准备、专利申请的流程及文件撰写。

考虑到教学相长、方便教学，本书在编排上做出两个安排。

一是为了方便任课老师的备课教学和实践指导，每一节之前有“课程纲要”，包括课程目标、主要内容和教学安排等，强调教学的重点和难点，供教师参考。

二是，在每章的“习题”中，除了“思考题”可以帮助学生巩固所学知识之外，还有“实训题”的练习。同学们要想锻炼能力、掌握技能，就要在老师的指导下认真完成这些题目，知道如何运用所学知识和技能去解决实际问题。

编写本书的主导思想是要轻理论、重实训。在讲述一些理论知识时“够用即可”，没有深入探讨和精细讲述。在讲述一些方法技能时，力求多着墨：一是要通过一些案例分析，引导大学生了解发明创新的知识和方法；二是强化各种基本技能训练。例如第三章第八节中，专门讨论了“发明创造技法的训练”，通过“写”“说”“画”“做”四个方面的认真训练，为日后的创新发明实践打下良好的基础。

“做发明”和“写专利”是两门实践性很强的课程，单单依靠听课而不亲自动手操练是无法掌握的。大学生要想掌握这两项技能，必须由浅入深、逐步递进，一步一个台阶：填写发明/创意记录表→书写技术交底书→撰写说明书和权利要求书，几个环节环环相扣。只有调动大学生参与实践的积极性，让同学们勤动手、多锻练，才能学得会、用得上。

本书面向大学生，希望通过本书的学习和训练，使他们熟悉创新发明和专利申请的全过程，为创新意识和实践能力的培养打下一个坚实而良好的基础。本书在发明创新意识培养、发明创造技法训练以及专利文件的撰写等方面，给予了全面指导，可作为大学生创新创业教育的通用教材，也可作为共青团“第二课堂”的辅导用书，同时可供研究生以及其他有志从事发明创造、专利申请的人士学习参考。

本书由安徽省知识产权研究会组织编写。参编的作者来自合肥工业大学、中国科学技术大学、安徽农业大学、安徽理工大学、安徽师范大学、安徽建筑大学和合肥师范学院等多所高校，以及中国科学院合肥物质科学研究院、安徽省委党校、安徽省科学技术情报研究所、国家知识产权局专利局合肥代办处、安徽江淮律师事务所等多家单位。

从选题策划到编写出版，本书自始至终得到了安徽省知识产权局领导的关心和支持。安徽省知识产权局常务副局长刘栋研究员多次参加编写会议，商定本书架构，并对书稿进行了多次认真细致的审校。

本书由陈淮民、张和平担任主编，拟订编书计划，负责组织编写和统稿、定稿工作；由宋斌、吴明华担任副主编，协调编写事务。参加编写的人员有沈炎、张仁琼、程卫东、郑志强、姜曙光、田汉、赵冠艳、沈豫浙、褚楚、许俊翠、刘星、郑红莺、胡海洋、彭小宝、张犁朦、孙靓、冯栋、陈圆方、杨秀丽、艾永冠等同志。

在选题策划和编写的过程中，智之果知识产权沙龙、合肥高吉知识产权管理有限公司和合肥智产信息科技有限公司提供团队技术支持。

在编写以及内容试讲的过程中，许多专家学者和相关人士给予了多种帮助，包括安徽建筑大学张伟林教授、南京农业大学陈坤杰教授、淮北师范大学郝文清教授、大连艺术学院陈士斌教授和亳州学院赵锋教授，以及何梅生、尚诚德、姜家勇、曹伟、孟宪余、丁兆罡、蔡灶林等同志。合肥工业大学出版社李克明社长从选题策划到编校出版全程关注并大力支持、陆向军编审在编写形式上提出了建议、数字出版部吴毅明老师给予了技术协助。在此，一并向所有关心、支持、协助者表达衷心感谢。

书中参考了一些文献和资料，如涉及版权问题，请您联系我们，将按国家规定支付报酬。

本书内容广泛，由于我们知识和水平所限，书中难免出现疏漏和不足之处，敬请读者给予指正。如果您对本书有意见或建议，欢迎联系我们（邮箱：chenhm30@163.com）。

编　者

2016 年 12 月

目　录

第一章　绪论

第二章　创新与创新意识的培养

第三章 发明创造技法

第四章　专利基础知识

第一章

绪 论

第一章

习　题

【思考题】

1. 大学生参与创新教育有什么现实意义?
2. 如何才能唤醒大学生的创新意识?
3. 对于大学生创新教育的现状，您有何感想?
4. 大学生开展创新教育需要哪些保障?
5. 大学生创新实践的基本特征有哪些?
6. 如何在创新实践中掌握专利申请?

【实训题】

1. 分组讨论题目:“在校大学生进行发明创新，利大于弊”
2. 请浏览与专利有关的一些网站，分析比较各个网站的特色。

网站名称	主要内容	特色板块

第一节 大学生参与创新教育的目的和意义

【课程纲要】

课程目标：让大学生明白参与创新教育的重要性和必要性。

主要内容：树立创新教育观念，改变旧的教学体系；培养大学生创新精神，唤醒创新意识；通过创新实践活动提高大学生的竞争能力；强化大学生的合作意识和团队精神。

教学安排：由任课老师确定课程类型及课时。

一、树立创新教育观念，改变旧的教学体系

2015年5月，国务院办公厅印发《关于深化高等学校创新创业教育改革的实施意见》。国家全面启动高校创新创业教育改革，全面修订人才培养方案，科学制定专业教学质量标准，细化大学生创新创业素质能力要求，突出大学生创新精神、创业意识和创新创业能力培养。

创新教育涉及大学生的心理、生理、智力、思想、人格等诸多方面，并且多方交织、相辅相成。对大学生创新精神和创新素质的培养，是高等教育的主要目的之一，是今后高等院校人才培养的首要任务，当然也是高等教育改革的客观需求。在通过课堂和书本上传授知识的同时，高校应更加重视在校学生创新意识的培养和创新能力的提升。大学生积极参与创新教育和实践，不断提高个人的综合素质，具备创业的水平和能力，必定会在毕业后的工作生活中具备更强的竞争力。

众多高校中，或多或少都存在重视专业知识的传授而忽略综合能力培养的现象。通过在大学生中开展创新实践教育，将有助于学校旧的教学体系的

转变，从注重传授知识继而转向注重大学生实践能力培养和综合素质的提高。简言之，创新教育必然引领创立新的教学体系，创新教育将成为提高大学生综合素质的必经之路。

二、培养大学生创新精神，唤醒创新意识

当今时代，知识的增长和转化的速度在不断加快。在这种情形下，学习和接受知识固然重要，但是更重要的是知识的选择和整合、信息的转换和运作。大学生需要的知识并非是单单靠言语和文字所能“传授”的，而是要通过勤于思索、动手实践来获得的，因此培养大学生的创新意识和创新思维则显得尤为重要。目前，已经有许多高校将培养大学生的创新精神、创新思维和创新能力作为教学改革的突破口。实践表明，参加创新实践活动对本科生学习能力的增强以及综合素质的提高都有着很大的促进作用，对于提高大学本科教育教学质量、培养具有创新意识和创新能力的研究型人才均有裨益。

三、通过创新实践活动提高大学生竞争能力

高等学校通过开展创新教育和创新实践活动，使大学生个人思想和兴趣得到结合，增强认识新事物的敏感性，逐步培养独立思考、细致观察、深入探究、勤于动手等优秀品质，同时可使大学生分析问题、解决问题的能力在潜移默化中得到提高。大学生参加创新实践活动，一方面是从中学习创新方法和创新技能，另一方面是通过这种探究性的学习活动，将所学的知识得到实践和运用。大学生通过创新知识的学习和创新能力的训练，必然有助于将所学的各门基础理论和专业知识融会贯通、综合运用，通过创新实践获取的知识和技能对于其本人的创业和就业均有益处。

在知识快速更新、科技迅猛发展的今天，为了个人生存、竞争、发展，持续学习已经成为第一需要。许多大学生毕业后从事的工作不是自己所学的专业，毕业后的职业也变得不稳定。为了不被竞争的潮流所淘汰，当代的大学生必须掌握创新的方法和自主学习能力。如果大学生在学校中具有了创新

意识和创新能力，毕业之后就有能力利用各种有利条件，根据所从事的工作不断完善自身的知识和能力结构，达到完善自我和适应社会的目的，这样他们才能够在事业上、工作中取得成功。培养大学生的创新精神，提高求异、求变、求新的素质，在毕业后就具备了解决生产、生活、科研等问题的基本条件，这样的大学生才有可能成为推动科技发展和社会进步的中坚力量。大学生在创新实践中获得的创新意识和创新能力将受用终生。

四、强化大学生合作意识、团队精神

大学生创新实践大都要在教师指导和同学之间的协作下方能完成，因此在创新实践工作中，要注重培养学生团队精神。由于大学生中独生子女占比较大，因而相当一部分大学生自我意识较强，集体荣誉感差，缺乏合作所需的心理素质，从而导致合作意识淡薄。通过创新实践活动的全程参与，学生就会意识到团队合作的重要性；所有大学生都要明白，具备合作意识、团队精神是日后步入社会实现就业、自主创业和走向成功的需要。高校要通过实践创新活动培养学生的合作心理，形成合作思想，营造合作氛围，提高合作能力，互帮互助，与团队一起奋斗，从而使学生感受团队合作的重要性。

第二节　大学生创新教育的现状及前景

【课程纲要】

课程目标：让大学生了解创新教育的现状以及前景。

主要内容：大学生创新教育已经从缓慢前行转入快车道；教育主管部门及各所高校都在为大学生创新教育提供制度保障、组织保障和师资保障；鼓励大学生创新发明和申请专利。

教学安排：任课老师结合本校创新教育的情况，组织学生开展讨论。

一、大学生创新教育从缓慢前行转入快车道

国外的许多高等院校如哈佛大学、麻省理工学院等，在20世纪的五六十年代就开展创新发明教育，已经取得显著效果。

创新实践教育在我国起步较晚，发展缓慢落后。即使部分高校开展了发明创造教育活动，也仅仅是开设创造学、专利申请、专利文献查询等一些选修课程，或者举办相关讲座以及组织大学生成立创新协会、社团等，至今尚未形成一个完整、科学的创新实践教育的体系，远远满足不了国家对双创人才的需求。

对于在校大学生来说，相当多的同学创新意识薄弱，很多学生不了解发明创造；也有人认为发明创造是一件非常神秘的事情，和自己没有多大关系；有些学生虽然有很好的创意，但缺少对专利制度的了解，不懂得对自己的知识产权采取申请专利这种形式进行保护。这就需要高等院校从培养大学生的创新意识着手，利用各种途径对大学生进行专利知识普及和教育。

近年来，大学生创新教育得到了国家的提倡和支持，进入发展的快车道。《中华人民共和国高等教育法》第五条明确指出："高等教育的任务是培养具有社会责任感、创新精神和实践能力的高级专门人才。"如今，几乎所有的高校都将"双创"人才的培养提升到一个新台阶，结合本校实际情况构建一套可持续发展的、行之有效的创新实践教育理论体系并付诸实践。今后，创新实践教育会逐渐渗透到各个教学科研领域，逐步营造出创新教育的氛围，最终实现全面创新教育的目标。

二、为大学生创新教育提供多种保障

高校开展创新教育至少需要三方面的保障，即制度保障、组织保障和师资保障。

（一）制度保障

我国多数高校的创新教育尚处于发展初期，因此有必要落实合理的制度

保障。制度保障既包括对学生创造实践活动的保障，也包括对指导教师教育教学活动的保障。高校要根据本校的实际情况，完善相关制度，提供相关政策支持，完善评优评奖制度；对学生的发明创造实践成果要在学分认定或荣誉奖励上有所体现，对教师的发明创造教育教学成绩要在年终评价、职称评定中有所体现；对于大学生的发明创造实践活动，要与学生课外科技竞赛活动有相同的认定标准，建立相关的保障制度。目前，已有一些学校看到大学生本身没有经济来源，搞发明创造以及专利申请时筹集资金有困难等现状，设立了大学生创新基金类的专项基金项目，对于发明创造及专利申请过程中的基本费用给予资助，提供了良好的经济保障。

（二）组织保障

大学生搞发明创造要注重实训、实践、实际操作，光靠课堂内几个学时的传授教学是远远不够的，而且是无法完成的。创新实践教育必须将学生的课外时间有效利用起来，不但要有临时性、暂时性的课外科技竞赛活动，更要将实践环节变得日常化、常态化。因此，目前有众多学校都建立了以组织在校生开展发明创造实践活动为目的的学生社团组织。社团由学生骨干承担组织工作，由教师承担指导工作，学校出面来保障高校发明创造教育在课余时间的开展。社团定期组织发明创造实践活动，为学生们提供共同交流学习、实践实训的平台，逐步实现发明创造教育实践活动的常态化。学生社团组织充分激发了学生自身的干劲、调动众人的力量，使创新教学活动的效果得到了极大提高。

（三）师资保障

大学生在创新实践中存在最严重的问题之一是缺少相应的指导。一些高校开展创新教育的意识淡薄，所以造成该领域的师资十分匮乏。高校要重视对创造型教师的培养，配备一批懂创造、会发明、深入理解专利知识的教师，为其提供学习交流的机会，鼓励其参与学术研究实践，不断提高其自身水平。创造型教师在具备扎实的创造学理论知识的同时，还要拥有较强的发明创造实践的能力，这样才能带领学生搞好创新实践。学校要扩大科技创新指导团队，提高指导教师的水平，加强与同学之间的交流和沟通。指导教师要减少一般课业的负担，多布置一些引导性的课题，增强学生的创造性。要通过分期分批的形式，先由指导教师带好一批学生，再由这批学生带动更多的学生，逐步扩大创新教育的成果。

三、鼓励大学生创新发明和申请专利

衡量一所高校的自主创新能力，发明创造活动的开展以及申请专利的数量和质量，必定是重要的评价指标。高校是科技成果的重要发源地，高等教育的发展必然会带来高校知识产权事业的繁荣。高校拥有自主知识产权的数量和质量影响和决定着高校在国际国内的地位以及在科教兴国中的作用。随着我国对高等教育投入的进一步加大，越来越多的学生有条件、有机会在学校里从事部分科研工作。这些研究工作，不仅为大学生综合素质的提高创造了条件，为高等学校的科研工作注入了新的活力，也为促进科学技术的发展做出了重要贡献。当前，高校对于大学生的创新发明、申请专利总体来说是支持的，在校大学生也懂得通过发明创造等来提高自身的能力和价值。社会上对于大学生参与发明和申请专利的认识是比较客观的。

人民网刊登“让发明创造伴随大学生活”一文。

《人民日报》（2014 年 5 月 15 日）发表文章，介绍了山东科技大学学生 4 年获专利 3100 多项的事迹。

2010年，该校制定了《山东科技大学学生专利研究及申请资助办法》，并设立40万元专项经费进行支持，加大学生创新能力培养力度。

出台“新政策”之后，该校先后开展了主题活动、交流沙龙，组织了专利申请讲座，编印了大学生专利申请与研究参考资料，积极引导学生参与专利研究及申请。学校的资助和培训，激发了学生的创新热情。

2011年，该校进一步出台政策，从人、财、物各方面加大对学生科技创新活动、专利研究和专利申请的资助力度。各学院也设立了专利申请专项资金，进一步开放实验室、聘任指导教师、邀请专利代理机构举办讲座，大力支持学生的“发明热”。

通过上述事例可以看出，学校对大学生搞发明创造、申请专利要进行积极的引导，要对大学生申请专利的质量有一个把关和初步评估。在大学生进行创新实践时，学校需要提供相应的技术指导，建立相应的奖项和基金。社会、企业要加强与高校的联系，投入资金援助；学校也要主动走入企业，建立交流平台，让大学生加深对社会、对企业的了解，防止闭门造车。这样，热爱创新、热爱发明的高校大学生们，在申请专利时就会更加注重实用性，也能更好地保证专利能够最大程度应用于社会。

高等学校和社会要通过媒体和各种宣传形式，为大学生进行发明创造提供知识来源，帮助大学生了解专利发明的流程以及专利法的相关知识，营造出良好的学术氛围，进而促进大学生提高创新能力。对于大学生创新发明方面的报道与宣传要深入、广泛，树立榜样。学校在开展创新教育的过程中，要让学生真正了解专利发明，通过开展丰富多彩的创新实践活动，营造良好的创新性学术氛围，让尽可能多的大学生意识到创新就在身边，专利离自己并不遥远。

大学生要端正态度，树立正确的认识。要知道学校强化大学生创新意识，培养大学生自身对创新实践的兴趣，并不是让大学生追名逐利、出风头，更不是要轻视基础理论知识。大学生要通过多种渠道学习知识，在生活中注意观察，培养自己的实践创新意识。大学生应该走出学校，与社会接触，主动了解社会的发展进程，将社会需求与自身兴趣相结合进而确立奋斗的目标。无论是学校还是社会，无论是老师还是家长，大家要有一个共同的认识：当代大学生应该通过创新实践来充实自己，全面提升自身的综合实力。

第三节　大学生创新实践与专利申请

【课程纲要】

课程目标：掌握大学生创新实践的特征。对专利知识和专利申请有一个初步的了解和认识。

主要内容：大学生创新实践的特征；在创新实践中学习专利知识、学会专利申请。

教学安排：由任课老师确定课程类型及课时，带领学生熟悉相关网站。

一、大学生创新实践的特性

创新实践的目的在于培养大学生的创新意识和创新精神，在大学生掌握有关创新实践的理论知识的同时做出实践尝试，以提高其实际创新的能力。大学生创新实践有以下几个基本特征：

（一）教育性

大学生创新实践是大学教育的组成部分，这与整体的教育目的是一致的。从社会要求看，大学生创新实践教学活动就是要培养大学生的创新能力、创新意识和创新精神；从教学内容和教学手段看，要在创新实践过程中培养科学精神、科研意识，通过实践训练来培养创新人才；从大学生的角度看，学习目的、态度以及学习的积极性，都起着决定性的作用。

大学生创新实践也同样离不开教学，离不开教师或专职科研人员的指导。只是大学生参加创新实践与科研活动还是有差别的，后者是以产出科研成果作为目的，而大学生参加创新实践，其教育的重点不放在直接取得科研成果上面。

（二）创新性

大学生创新实践是以大学生为主体的探究性活动。大学生通过这种活动，可以获得对其个人自身来说属于创新性的知识，会有一定的新发现、新见解，或者在应用领域发现新内容、新途径和新方法。创新实践就是要寻找新的角度，采用新的方法，培养学生的观察能力、实验能力、创新及实践能力。

（三）实践性

发明创造教育既重视理论教育更重视实践教育。理论是实践的基础，掌握正确的理论方法可以使实践活动事半功倍。实践是理论的执行者，没有实践就不可能产生出发明创造。只有通过实践，才能加深对理论的理解掌握，才能提升创造力。

所谓实践性就是要求学生亲自动手操作，或者在老师的指导下积极参与；要离开课堂走向生活、走向社会，积极参与各类学习实践、探究实践、社会实践、生活实践等。创新发明是一个理论与实践高度结合的过程。

实践出真知、实践出发明，许许多多的发明创造都是来源于实践，同时又运用于实践。所以要让大学生积极参与实践的过程，在实践中检验学习的效果，在实践中发展充实，将自身培养成实践型人才。

（四）协作性

大学生在没有经过培训和实践之前，一般缺少独立创新的能力和经验。大学生很少能够独立完成实践活动，更多的是在老师指导下、同学们协助下完成的。

另外，发明人和专利权人也可能是多人，他们中间也有分工、协作以及利益分配的问题。在做出发明创造之后还有申请专利的一系列事情，包括文献检索、撰写申请书和权利请求书、缴费等与国家知识产权局打交道的工作。如果大学生自己对这套业务不熟悉的话，那就有必要委托专利代理机构了，因此，也需要与专利代理人进行协作和配合。

（五）多样性

创新实践要采取多样性的教育形式。虽说课堂授课的形式不可替代，但是实践活动的多种形式更加不容忽视。比如，发明创造教育可以通过举办讲座、组织展览、参加发明兴趣小组或创新社团、举办创意比赛、发表论文、申请专利等形式开展。大学生通过听学术报告、观看展览、参加沙龙活动等形式，能有效提升发明创造理念，有助于形成良好氛围和环境。高校通过组织各类的科技创新比赛，借助竞争的方式，可以激发大学生学习的兴趣；通过申请专利的实际操作，可以大大提升人们对大学生发明创造的认可程度。多种形式相互补充、协同运用，创新教育将会取得更好的效果。

二、在创新实践中学习专利知识、学会专利申请

大学生对于专利知识和专利申请等方面有需求，本教材就对创新发明意识的培养、专利基础知识以及专利申请的方法与流程等方面做了简单的介绍，希望大学生们在学习专利基本知识的同时，要动脑动手，掌握申请专利的实践技能。

（一）学习专利知识

2008 年，我国颁布了《国家知识产权战略纲要》，推出了一系列知识产权事业发展的中长期规划，体现了国家对创新人才培养以及知识产权事业的高度重视。

广义的知识产权范围由版权、工业产权和其他知识产权三部分组成。而工业产权又包括专利、商标、服务标记、厂商名称、地理标志等。在知识产权领域中，专利是最重要的组成部分。在大学生创新教育中，专利作为科技成果的重要表现形式，是技术创新与技术进步的重要指标，也应该是大学生创新教育的必修课程。高校通过专利知识的教育和普及，可以培养学生的创新意识，训练创新思维，激发创新想象力，增强探索进取的能力。高校作为培养人才的摇篮，开展大学生的专利教育，既是促进学生全面发展的需要，

更是创新型社会发展的需要。

由于知识产权和专利领域是一个复杂的知识系统，从发明创意的产生到申请专利、专利授权、专利运用，再到后期的维权、评估、质押、交易，以及更深层次的专利分析、专利预警、专利布局等，牵涉到行政、法律、经济、金融等各个方面。本书第四章主要是介绍专利的一些基础性知识，其他内容因本书篇幅所限而没有做深入论述。

为了全面了解知识产权的内容和专利知识，建议大家阅读相关书籍，并到“国家知识产权局网站”获取知识和信息。

（二）学会专利申请

本书的编排，围绕“怎样做出发明”和“如何写出专利”两个主要技能展开。大学生们对此要有一个全面、系统的认识。

有些大学生有了发明意愿及创意，希望付诸实施，但是他们或许还没有弄清楚：如何能提炼出技术特征、技术方案？如何确定这种技术方案是否已经存在？这个专利有没有实用性及经济价值？以上这些问题，都要我们在具备一定的专利知识和掌握一定的专利申请技能之后，才能做出回答。

本书第五章将详细介绍专利的检索和技术交底书的写作。

检索对于发明人来说非常重要，可以获得相关领域的技术知识，了解相关领域最新的技术发展，对比他人的技术方案来判断自己的发明是否具备新颖性、创造性等都具有重要的意义。

自己申请专利或者委托专利代理机构申请专利都可以。大学生自己亲自动手申请专利的好处是：可以就技术方案内容直接与专利审查员进行沟通，并且有利于大学生在申请过程中学习到更多相关技术以及专利审查方面的知识。不过，自己申请专利也存在弊端。专利申请毕竟需要一定的专利知识和申请技能才能胜任，很多大学生缺少专利申请的经验、没有掌握答复审查意见书的技巧，严重者可使一项发明创造不能被授权。因此，有些大学生委托专利代理机构申请专利也是对的。

但不管哪种方式，一份能清楚表达技术方案内容的技术交底书都是不可或缺的。在第五章第三节中将有详细介绍。

本书第六章结合申请和审批流程给出了一个实际案例。通过该案例的讲解，大学生对于申请专利过程可以有一个全面的把握。

（三）多多获取与专利发明相关的信息

现将与专利发明有关的一些网站提供给大家，这些是学习专利知识的平台。经常浏览、查询，可以获取更多的资讯及信息。

http：//ip. people. com. cn/ ————人民网　知识产权

http：//www. zgkjcx. com/ ————中国科技创新

http：//www. fmycx. com/ ————发明与创新杂志社

http：//www. cnpatent. com/ ————中国专利网

http：//www. cainet. org. cn/ ————中国发明网

http：//www. cntv. cn/lm/woaifaming/ ————我爱发明

http：//www. zgfmzlw. com/ ————中国发明专利网

http：//www. 1st. com. cn/ ————中国发明专利技术信息网

http：//www. czfmw. com/ ————中国发明教育网

http：//www. patent-cn. com/ ————专利之家

http：//www. 7chuangyi. com/ ————奇创意

http：//www. soopat. com/ ————专利搜索

http：//www. cpquery. gov. cn/ ————中国专利查询系统

第二章

创新与创新意识的培养

习　题

【思考题】

1. 什么是创新？影响创新的内外因素有哪些？
2. 创新能力体现在哪几个方面？
3. 创新的方法有哪些？
4. 对于大学生的创新能力，您有何评价？
5. 如何培养大学生的创新意识？
6. 您对大学校园内的创新活动有兴趣吗？为什么？

【实训题】

1. 分组讨论题目："在大学生活中培养创新意识，大有必要"
2. 右图是我们大家常见的回形针。请发挥创新思维，看看回形针还有没有其他用途。您也可以对其进行改造；请画出简图并写出改造后的特点或新的用途。

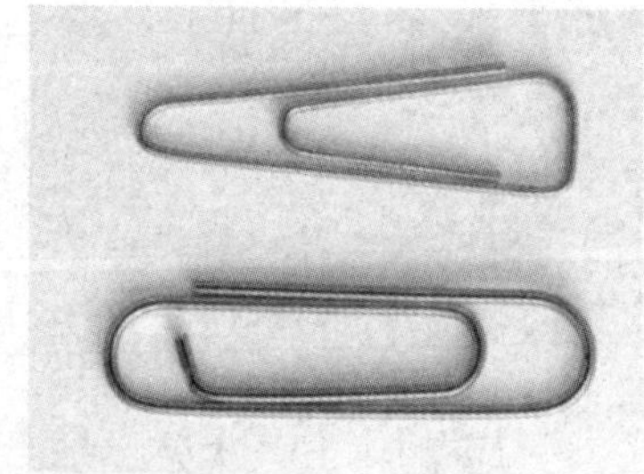

3. 写出"创新思维学习心得"。

第一节 概 述

【课程纲要】

课程目标：让大学生了解创新、创新意识、创新能力的概念，明白培养创新能力的意义，掌握创新的方法。

主要内容：对创新、创新意识、创新能力要有充分的认识；创新能力的体现和内外在因素；通过学习和训练掌握创新的方法。

教学安排：由任课老师确定课程类型及课时。

一、创 新

21 世纪人才战略的重要标志就是创新，社会在创新中取得进步，人才在创新中获得成功。创新是推动人类社会进步、国家兴旺发达的基本动力。从某种程度上讲，人类社会的发展史就是一部创造、发明、创新的历史。

“创新”一词源自拉丁语，有三层含义：第一层是指更新；第二层是指创造新的东西；第三层则是改变。创新就是利用已存在的自然资源创造新事物的一种手段。

现在“创新”两个字已经扩展到了社会的方方面面。“创新”的概念在不同的领域也有不同的解释。本书认为，创新就是指在前人或他人已经创造的成果的基础上，能够做出新的突破，包括做出新的发现、提出新的见解、开拓新的领域、解决新的问题、创造新事物以及做出创造性的应用等。因此，在大学教育中所强调的创新，应是一个综合概念，是指主体为了一定目的，遵循事物发展的规律，在前人或他人的创造成果的基础上，突破原有的事物并实现进一步的发展，这需要对事物进行整体或部分的变革，从而实现更新与发展。创新应该是一个不断学习的过程，是一个不断实践的过程，也是一个不断超越的过程。

（一）创新的内在因素

1. 创新思维

思维是能力的内在基础，能力是思维的外在结果。每一种类型的能力素质，都不能与主体相应的思维能力分离，与此同时，创新能力也不能与主体相应的思维能力分离。因此，创新能力无法离开创新思维能力，创新能力的强弱，也与创新思维的强度、宽度、持续度等有直接的关系。

所谓创新思维，就是指前所未有的思考事物间的联系，进而促进新事物产生的思维方法，是一切具有独特、新颖内容的思维形式的总和。每一项创新的活动都无法与创新思维相分离，换句话说，创新思维是一切创新活动的开始。创新思维作为思维的一种高级形态，除了拥有一般思维的基本性质以外，还有其自身独有的特点。它最大的特点就在于它的超前性、动态性、独创性和多向性。凡是可以想出新点子、创造出新事物、发现新路子的思维都属于创新思维。

2. 知识结构

知识是能力的基础，无知必然无能。创新能力必须在知识积累到一定程度之后才可能发生。在知识不完备、对事物缺乏全面了解的情况下，就很难提供出创新思维的条件。但并不是知识越多，创新思维就越强，二者不是完全的正相关关系。

一个人能力的强弱，包括创新能力的强弱，重要的是看他知识结构的优化程度、与能力的契合程度是否合理等。只有熟练掌握特定事物的知识，或者说将知识系统化，形成一定的知识结构以后，才能创造出一个产生新知识的思维空间。因此可以说，人的知识结构是思维的基础，合理的知识结构是进行创新思维的硬件系统。知识是人类在认识和改造主客观世界的实践中获得的认识经验的概括和总结，它包括直接经验和间接经验、感性认识和理性认识。人们的认识都不是单一存在，而是以某种特定形式复合存在，共同对主体的能力产生影响。这种复合的、由多方面知识组成的知识系统就是知识结构。

3. 智力因素

智力因素在主体的能力素质形成和发展中也具有十分重要的地位和作用。所谓智力，简单讲是指人的聪明才智，是主体在遗传素质的基础上，在认识和改造主客观世界的实践活动中所表现出来的心理特征和各种能力的综合表现，是保证人们有效地进行认识活动的那些比较稳定的内在心理特征的有机结合，属于认识的范畴。智力同样是主体创新能力的形成和发展的重要基础。与创新实践活动密切相关的主体的注意力、理解力、记忆力、观察力、想象力和思维能力等都是智力活动的重要因素。没有发展到一定水平的智力，就很难正确、迅速而有效地掌握知识和创造性地运用知识解决问题。

创新能力正是对知识、智力以及能力的新颖、灵活运用，它的发展和完善必须以一定的智力条件为基础。同时，还应当注意到，并不是说智力越高的人，创新能力越强。受教育体制、考试考核方式等的影响，当前一些高校的教育教学、考试考核等明显有利于选拔智力较高但其他方面可能较弱的学生，导致学生在学习知识和开发智力时，常常以牺牲创新能力为代价，在各种学校活动中虽然取得了较高的成绩，但表现出来的创新能力却与他的智力水平不相称，即所谓的高分低能，这种现象在高校中不同程度地存在着。

4. 非智力因素

非智力因素，从广义上看，主要是指智力因素（包括观察力、记忆力、想象力、思维力、注意力）以外的一切环境因素、心理因素、生理因素和道德品质等等。非智力因素在狭义上是指那些不直接参与认识过程，却对认识过程起到直接制约作用的心理因素，主要包括兴趣、意志、情感、动机、性格等心理特征。

一般来说，个性特征明显、善于发现问题、有冒险精神、富有挑战性、想象力丰富的人更具有创新能力。在创新能力的培养过程中，非智力因素尽管不能直接转化为创新能力，但它直接决定着知识积累的广度和深度以及智力投入的高低。在主体知识水平相同、智力相差不大的情况下，非智力因素对主体创新能力的发展则起到十分关键的作用。

对主体创新能力的形成和发展具有比较大影响的非智力因素主要有以下四个方面：

(1) 冒险性：敢于提出问题，敢于冒险，不怕困难、失败和批评，勇于坚持自己的观点，并为自己的观点辩护；

(2) 好奇心：对未知事物充满好奇，富有追根究底的精神，善于通过表面现象探索事物的内在规律，思路灵活，点子多，在复杂的情景中能有效把握关键环节；

(3) 想象力：对尚未发生过的事情能进行各种想象并进行直觉推测、预测，从而对事物的认识能够超越感官及现象的界限；

(4) 挑战性：寻找各种可能性，了解事物的可能性以及与现实间的差距，能够从杂乱中理出秩序，愿意探究复杂的问题。

一般来说，上述四种因素越强的人，其创新的潜在能力也越强。当然，这四种因素还需借助主体的知识积累和智力水平等因素才能影响主体的创新能力。

(二) 创新的外在因素

1. 社会环境

“人创造环境，同样环境也创造人。”社会环境对创新能力的培养提高具有十分重要的影响。创新作为一种人类所独有的、以打破常规为主体的活动，必然需要一个比较宽松、自由的环境。社会可以通过营造浓厚的鼓励创新、支持创新的宣传舆论氛围，建立鼓励创新、支持创新的社会制度体系，为社会个体的创新活动提供良好的舆论环境和制度环境，使整个社会形成重视创新的价值导向，从而为各种创新实践活动、实现创新目标、提高创新能力创设良好的外部环境。

2. 学校教育

学校教育是学生接受正规、系统、完整的教育，对他们学习知识、形成个性、完成社会化等都起到巨大的作用。他们的创新能力，在很大程度上源于在学校接受系统教育，在学校创新教育的过程中逐渐发展、不断成熟起来。传统的学校教育模式，以传授知识为重点，整个认知过程中均以教师为中心，教师担当着传授知识的重要角色，而学生只能被动地接受老师所教的一切，学生学习的主观能动性受到一定程度的压制，进而也抑制了他们的创新思维和激情，使他们在学习过程中不敢标新立异、不想进行创新创造，在一定程度上使学生成为只会答题、解题的考试强者，而创新能力却得不到增强，对学生创新能力的培养产生了阻碍作用。

以素质教育为中心，使教育真正回归以人为本的价值理念，做到以学生为中心，尊重学生的个性发展，通过建立有效的激励评价体系和宽松自由的教育管理模式，充分发挥学生学习的主动性和积极性，可以使大学生在整个认知过程中变被动为主动，通过积极思考问题、解决问题，激活他们的创新思维和创新激情，真正成为学习的主体，学会自主学习，进而培养提高自己的创新能力。

因此，学校教育应该正视自己在学生创新能力培养过程中可能产生的两种截然不同的影响，努力摒弃对培养学生创新能力不利的教育模式，充分发挥学校教育在培养学生创新能力方面所具有的强大作用。

3. 教师素质

百年大计，教育为本；教育大计，教师为本。在学生创新能力的形成和发展过程中，教师不仅是传道授业解惑的重要主体，其自身素质如何、学识是否渊博、教育方法是否有效、品德是否高尚，特别是教师自身是否具有创新精神及创新能力等，都直接或间接地影响学生创新能力的培养。

一方面，教师可以通过系统地向学生传授知识，优化学生的创新知识结构，弥补学生在创新知识方面的不足，为学生创新能力的形成和发展奠定必不可少的知识储备基础。另一方面，教师肩负教书育人的光荣使命，育人的过程不仅体现在课堂教学上，更重要的是体现在教师平常的言行举止上。正所谓“身教重于言教”，教师对每件事情的态度以及是否敢于创新，是否勇于坚持自己的观念等，都以这样或那样的方式对学生产生重要影响。

因此，一个有创新思想的教师必定会在创新能力方面成为学生最好的良师益友，通过自己的言传身教，对学生创新能力的发展起到很好的示范、引导和激发作用。同时，一个有良好创新能力的教师，还可以对学生的创新活动过程加以有意识的引导和帮助，增强学生参与创新活动的热情和愿望，并通过创新活动使创新能力得到不断的锻炼和提升。

二、创新意识

创新意识是指人们根据社会和个体生活发展的需要，在创造活动中表现出的意向、愿望和设想。它是人类意识活动中的一种积极的、富有成果性的表现形式，是人们进行创造活动的出发点和内在动力。

创新意识具有新颖性、历史性和差异性三个特征：

1. 新颖性

创新意识或是为了满足新的社会需求，或是用新的方式更好地满足原来的社会需求，创新意识是一种求新意识。

2. 历史性

创新意识是以提高物质生活和精神生活水平的需要为出发点的，而这种需要很大程度上受具体的社会历史条件所制约。

3. 差异性

创新意识与其自身的社会地位、环境氛围、文化素养、兴趣爱好、情感志趣等因素都有一定的联系，这些因素对创新意识的产生起到重大影响作用，而这类因素也是因人而异的。

创新意识包括创造动机、创造兴趣、创造情感和创造意志。其中创造动机是创造活动的动力因素，它能推动和激励人们发动、维持创造性活动；创造兴趣能促进创造活动的成功，是促使人们积极探求新奇事物的心理倾向；创造情感是引起、推进乃至完成创造的心理因素，只有具有正确的创造情感才能使创造成功；创造意志是在创造中克服困难，冲破阻碍的心理因素，创造意志具有目的性、顽强性和自制性。

创新意识与创新思维不同，创新意识是引起创新思维的前提和条件，创新思维是创新意识的必然结果，二者之间具有密不可分的联系。创新意识是创造人才所必须具备的。创新意识的培养和开发是培养创造人才的起点，尽早培养创新意识，才能为培养创造性人才打下良好的基础。

三、创新能力

“创新能力”是与“创新”紧密相关的一个概念。所谓“创新能力”就是指运用已有的一切信息，对事物（包括自然界、社会及人本身等）的现象与本质进行合理的分析、综合、推理和想象，从而产生出独特的、新颖的、具有个人价值或社会价值的新工艺、新成果、新产品的能力，即提出假设然后解决问题的能力。

主体的创新能力包括创新精神和创新方法两个层面的含义。创新精神是指创新能力中的非智力因素，是由思想政治素质（世界观、人生观、价值观等）、道德素质（个人美德、社会美德、理想道德等）和个性心理因素（好奇心、创新意识、无畏精神、坚持精神、科学态度等）三个方面构成的精神能力。创新方法是指创新能力中的智力因素，是由注意力、观察力、理解力、记忆力、想象力以及思维能力等其他能力所共同构成的认知能力，在这里思维能力是核心，包括形象、逻辑和创造（直觉、灵感、顿悟等）思维能力。

创新思维能力、创新学习能力以及发明创造能力是体现创新能力的三个主要方面：

1. 创新思维能力

创新思维能力是指创新思维突破常规思路的束缚，探索对问题全新、独特的解决方法的思维过程。创新思维能力对个体的创新能力的形成、发展具有十分重要的地位和作用，甚至直接决定着个体的创新能力的强弱。

2. 创新学习能力

创新学习能力主要表现为个体自觉、能动、有目的、有创造性地从事各种学习活动。学习活动是创新能力形成和发展的基础，创新能力正是在创新思维的主导下，通过系统、有目的地学习各种与创新有关的知识、理论、方法，进行各种创新训练活动而不断形成和稳定的。

3. 发明创造能力

发明创造能力是立足已有的事物，对其进行重新组合，进而产生出新颖、独特、有价值的产品的能力，是一种产生新思路与新事物的综合能力。发明创造能力是创新能力最直接的体现，因为不管是创新思维还是创新学习，都需要通过相应的发明创造活动表现出来，社会也正是通过个体发明创造能力及其发明创造的成果（主要体现为新产品、新知识、新理论、新技术等）获得对个体创新能力的认识和体验，并对个体创新能力强弱做出相应的评价。

四、培养创新能力的意义

创新是一个民族的灵魂，是人类发展的不竭动力，是人类智慧的结晶，是一个团队凝聚力与创造力的具体表现；创新是对精华的萃取，是对糟粕的摒弃，是对传统的继承与发扬，是对陈规的抨击。随着时代的发展，创新已经成为现代社会的本质特征和时代精神，培养创新能力具有不可忽视的意义。

（一）加强创新能力培养是建设创新型国家的必然选择

国际竞争是国家综合实力的竞争，最终是人才的竞争。我国能否培养出大批具有创新能力的人才，将在一定程度上影响国家的综合实力。人才资源是第一资源的认识早已深入人心，我国也正在采取各种措施，大力推动由人口大国向人力资源强国迈进。在日益激烈的经济科技全球化竞争中，必须坚定不移地走科教兴国和人才强国之路，集中力量培养和造就数以万计的符合现代化建设需要的创新型专门人才和优秀拔尖人才，从而在日益激烈的国际竞争中实现中华民族的伟大复兴。

（二）加强创新能力培养是时代赋予高等教育的重要使命

人类社会的发展，以经济时代划分，已历经农业经济、工业经济，并进入了工业经济的高级发展阶段，即知识经济时代。教育是知识经济的基础，创新是知识经济的灵魂，造就人才是知识经济的关键。知识经济作为一种经济形态，更加强调创新、鼓励创新、支持创新并体现创新。所以，是否具有创新能力、创新能力的强弱，在知识经济时代具有十分重要的作用。尤其在全球竞争日趋激烈的形势下，综合国力的竞争实质上就是科技的竞争和国民素质的竞争，而创新则是发展科学技术与提高国民素质的根本。创新和运用知识的能力将与效率一同成为国家间综合国力竞争的重要因素。

高等教育肩负着传承知识、培养人才、推动社会进步和发展的重任，因此，系统培养、训练大学生的创新能力，必然成为我国高等教育的重要使命。高等教育应该通过自身所具有的系统的教育体系、完备的课程结构、先进的教育理念、强大的师资力量，着力开展创新教育，以培养和造就出推动社会发展和进步的具有创新精神和创新能力的创新型人才，进而在未来的全球人才竞争中占有一席之地，推动我国综合国力的不断提升，这是时代发展赋予高等教育的重大历史使命。

（三）加强创新能力培养是提升大学生综合素质的重要内容

创新意识和创新能力的形成和发展与人的生理、心理、思维、智力、意志和人格等诸多方面都有关系，并且是这些方面相辅相成、综合作用的结果，因此，可以说创新意识和创新能力是一种人格、认识以及社会层面的综合体。它以深厚的文化底蕴为基础，以高度凝练、系统的知识体系为承载，以充分体现个性特征的思维能力和精神境界为表征，在很大程度上主要体现为个体的综合素质和综合能力。并且个体的创新意识和创新能力定型后，对个体其他方面素质和能力的训练和培养还将起到一定的推动、激发、稳固的重要作用。

在这个意义上，也可以说创新意识和创新能力能巩固和丰富大学生的综合素质。因此，创新意识和创新能力在大学生素质结构中居于核心地位，不单单是综合素质最明显的外在表现。大学生进入高校学习后，已不存在巨大的升学压力，但严峻的就业形势和成才成长的迫切需要，却进一步激发了他们提升自身综合素质的内在动力。创新意识和创新能力在提高大学生综合素质的过程中有其独特的作用，将创新意识和创新能力视为突破口，有利于激励、刺激、引导和带动主体其他方面的素质，从而使主体的综合素质得到全面提升。

（四）加强创新能力培养是实施终身教育的关键所在

人类社会的实践活动是一个永恒的运动过程，必然随着生产力的发展而变化。然而，当科学发展不能满足现状时，就可能促使科学向更深更广的领域延伸，从而产生创造性思维，并突破当前科学发展的框架，而达到一个新的高度，即创新是人类社会发展的一个推动力。无止境的发展要求推动生活在其中的人类不断开拓科学研究新的领域，进一步扩宽人类原有的认识水平和认识层次，从而使人类的知识获得新的飞跃。因此，发展无止境，创新无止境，知识的更新更无止境。

创新型人才，承载着实现中华民族伟大复兴的艰巨使命，承载着国富民强的百年梦想，承载着发展中国特色社会主义事业的光荣责任，更应以创新能力和培养教育为重点，适应社会和时代的需要，坚持终身学习、终身教育，使自身的知识结构、知识储备始终处于比较完善的状态，始终保持与时代的同步发展，才能随时跟进社会的发展所提出的创新要求，开展创新实践，实现创新目标，进而实现自身的社会价值和历史使命。

五、创新的方法

创新方法无处不在，人人能学会、大家都在用。据统计，诺贝尔奖中有60% ~70% 的是因科学观念和思路、方法与手段的创新而取得的。创新的方法多种多样，创新方法是需要靠学习和训练才能掌握的。

（一）好奇是创新意识的萌芽

个人行为的动力，都要通过他的头脑，转变为他的愿望，才能使之付诸行动。如果一个学生仅仅记住了课堂上学的各种定理与公式，而不能把学到的知识用于发现新问题，不能解决实际问题，只学习老师讲的知识，只记忆书本上的知识，是远远不够的；应在课堂上学到的知识的基础上，勇于探索，善于创新。教师应在教学中引导和培养学生的好奇心理，这是唤起创新意识的起点和基础。

（二）兴趣是创新思维的营养

兴趣是最好的老师，兴趣是感情的体现，是学生学习的内在因素。事实上，只有感兴趣才能自觉地、主动地、竭尽全力地去观察、思考和探究，才能最大限度地发挥学生的主观能动性。有兴趣才容易在学习中产生新的联想，或进行知识的移植，做出新的比较，综合出新的成果。也就是说强烈的兴趣是“敢于冒险、敢于闯天下、敢于参与竞争”的支撑，是创新思维的营养。

（三）质疑是创新行为的举措

质疑就是“以学生为中心”，多渠道地培养学生的创新能力，发挥学生的主体作用，让他们积极地参与学习的过程，做学习的主人，开启他们的创新思维的闸门。

（四）学习是创新训练的要义

创新方法是创新的根本之道。创新方法的学习和训练形式有多种多样：

1. 直接式学习

直接式学习就是根据创新的需要而选修知识，不搞烦琐的知识准备，与创新有用的就学，没有用的就不学，直接进入创新之门。

2. 模仿学习

它是指学生按照别人提供的模式样板进行模仿性学习，从而形成一定的品质、技能和行为习惯的学习方法。换句话说就是从“学会”到“会学”。

3. 探源式学习

学生为了积极地掌握知识采用创新性的思维方式，对所接受的某项知识出处或源泉进行认真的探索和追溯，并经过分析、比较和求证，从而掌握知识的整个体系，探源式学习法对于激发自己提出问题大有益处。

通过阅读来发现新问题、提出新见解，产生出创新思考，努力探索出新的答案或新的结论。

4. 创新性课堂学习

通过老师的传授和指导，学生可以获得系统的知识和形成一定的能力。同时，学生也可以通过预习对新知识进行自学和探求，以便上课时进入一种全新的精神状态，利用一切机会大胆发言，大胆“插嘴”，从而获得课堂学习的高效率。

创新，无疑需要训练和培养。而创新方法，又是创新教育中不可或缺的一环。事实上，大多数人都是可以通过创新方法论的学习，获得创新方法的。

少数的高校开设了创新方法课，因为还是统一的课程、教材和单一的考试，这种模式化的教育就像一个大工厂的生产流水线，最后得到的还是清一色的“产品”，所以很难培养出具备创新思维的人才。

第二节　大学生创新能力的评估

【课程纲要】

课程目标：让大学生了解我国大学生创新能力的现状、存在的问题，探索大学生创新能力的基本路径。

主要内容：对大学生创新能力做出客观的分析和认识，该问卷调查与本校的现状是否有相同之处。

教学安排：由任课老师确定课程类型，组织学生讨论“如何解决认知与实践脱钩”的问题。

创新是一个民族进步的灵魂，是一个国家兴旺发达的不竭动力，是信息时代对人才的普遍要求，也是当代大学生必备的素质和能力。当代大学生的创新意识的强弱和创新能力的高低，不仅关系到我国高等教育改革和发展的成果，也关系到我国在未来国际社会中的地位。因此，了解我国大学生创新意识和创新能力的实际状况，具有重要的理论意义和实践意义。

一、我国大学生创新能力现状调查

受传统应试教育以及社会大环境的影响，当代我国大学生的创新能力还处于一个不太高的水平。某高校曾经做了一个大学生创新能力的问卷调查。该问卷列出20个问题，涉及创新能力的方方面面。

（一）调查目的

为了了解当前我国大学生创新能力的状况，分析大学生的学习环境对其创新能力的影响。

（二）调查方法

以在校的所有大三、大四的高年级学生为对象，进行了一次抽样调查。抽样以多阶段的随机方式，先在所有院系里抽取了若干个院系，然后在该院系里的大三、大四年级中随机抽取了若干班，最后在每个班里用随机数表抽到具体的学生。共回收有效问卷451份，其中男生274人，女生177人。

（三）指标分析

创新能力是指技术和各种实践活动领域中不断提供具有经济价值、社会价值、生态价值的新思想、新理论、新方法和新发明的能力。因此，本研究将创新能力分为“对创新能力的看法”和“对创新能力的培养”两个指标，前者为主观指标，后者是客观指标，从而在研究中进行测量。

1. 对创新能力的看法

对某一事物的看法属于人的认知方面。通常情况下，人的行为是与认知保持一致的，有什么样的认知，就有什么样的行为。因此只有当个体对事物有一个理性的认识时，才会有理性的行动。本次调查中，大多数大学生认为创新能力是大学最重要的能力，在大学从事发明创造是极有意思的，详细调查情况见表2－1所列。

表2-1　大学生对创新能力的看法

	非常同意	比较同意	中立	不同意	极不同意
研究生是发明创造的主体	0.4%	13.4%	40.0%	23.7%	22.5%
大学生应当具备创新能力	35.5%	39.7%	16.9%	7.3%	0.6%
认同大学生发明创造的意义	31.2%	39.9%	24.2%	3.8%	0.9%

从表2-1中可以看出，仅有0.4%的大学生认为只有研究生是发明创造的主体；有35.5%的大学生认为大学生应当具备一定的创新能力；有31.2%的大学生认为在大学从事发明创造是有意义的。这可以很清晰地显示出当代大学生普遍意识到在科技经济高速发展的今天，创新能力培养已是势在必行的事，已成为每个大学生参与未来竞争的重要因素。

2. 对创新能力的培养

虽然当代大学生都意识到创新能力的重要性，也就是具有了主动培养创新能力的行动倾向，但能否在日常的学习中贯彻实施却又是另一回事了。对大学生创新能力培养的调查结果见表2-2所列。

表2-2　对创新能力的培养

调查项目	是	否
是否经常思考人生	40.2%	59.8%
是否查阅专业期刊	35.1%	64.9%
是否从事发明创造	39.7%	60.3%
是否尝试撰写论文	24.4%	75.5%

表2-2显示，大学生在创新能力的培养方面总体上并不积极主动。有超过60%的大学生没有从事过某种发明创造，只有不到24.4%的大学生曾经独立尝试过写学术论文。

3. 影响创新能力培养的环境因素分析

人是环境的产物，在人的成长中，环境的影响因素是不可忽视的：有利的环境可以促使人的进步，而不利环境则可能成为进步的障碍。

（四）存在的问题

调查结果表明，当代大学生对培养创新能力的重要性已有充分认识，但还缺乏创新能力的实际培养，导致认知与实践的严重脱离。具体表现在以下两个方面：

1. 有创新想法，但缺乏创新技能

大学生对创新已经有了一定的认识，希望接受新思想、学习新技能，掌握新的学习方法。由于大学生缺乏创新技能，在很多情况下，他们虽然产生了创新灵感，却很少能与实践联系起来，以至于只能是“空中楼阁”。创新技能的缺乏严重限制了大学生的创新活动。

2. 大学生创新能力的“知”与“行”不符

当代大学生对创新的认知已经相当充分，绝大部分学生认为“创新是大学生应该具备的一项能力”。相当多的大学生认为创新对大学生的发展有重要作用，掌握创新技能是大学生应该具备的。当代大学生对创新意识和科学素养的认识相对较好，但在行动上面却不尽如人意。

二、培养和提高大学生创新能力的基本路径

1. 要发扬学生的个性特征

传统的教育以教师为主体，这使得师生间缺乏相互交流与沟通，使学生学习的主动性和创造性受到限制。要改变这种教学状态，就必须强调学生的主体性。因此，要树立以学生为主体、教师为主导的现代主体教育观，要坚持以人为本，培养学生的主体意识和主动精神。

2. 要建立创新型教育教学模式

要推行创新型教学模式，必须建立有利于教师创新的机制和环境。要充分调动教师的创新意识，激发教师的创新潜能。从培养教师的创新能力着手，改革传统的“应试导向”评估体系，代之以“激励创新”的评估体系。改变单纯以学生考试成绩论优劣的评价机制，在符合教育规律、遵循教改原则的前提下，鼓励教师形成不同的教学风格，促进教师个性的充分发展，激发教

师的创新热情，使教学充满活力。

3. 要强化创新型师资队伍建设

创造性较强的教师能够在更大程度上培养学生的创新能力。必须强化教师创新意识的培养，使教师充分发挥个人魅力，以自己的创新意识、创新思维和创新能力等因素去感染、带动学生创新能力的形成和发展。教学过程本身就是创新性的活动，教师不仅应精通所学学科的专业知识，掌握教学方法及技能，还应具有一定的创新能力、创新意识及创新思维等。

第三节　大学生创新意识的培养

【课程纲要】

课程目标：培养大学生的问题意识，从平常事物中发现问题。激发创新动机，培养创新的兴趣。

主要内容：树立问题意识，激发创新动机，培养创新的兴趣。

教学安排：由任课老师确定课程类型及课时，安排实践教学。

意识是实践的动力和先决条件，同样，强烈的创新精神也是大学生实践活动的动力和先决条件。没有创新意识，就不可能产生创新的需求和萌发创新的动机；没有创新意识，即使具备创新能力，也不一定有创新活动。强烈的创新意识是优秀人才必备的基本要素，大学生要在学习和生活中，养成良好的创新意识。

一、树立问题意识

世界上每个人总要面对各种各样的问题，其能动性能够促使他们去发现问题、解决问题。但在生活中对于同一个矛盾或同一个问题，有些人一眼就能够发现，而有些人就算问题摆在眼前也会视而不见。牛顿在观察苹果熟了落地这一现象之后提出了“为什么苹果是向下掉而不是向上飞”的问题，继而通过研究发现了地球的万有引力。许多人都见过苹果落地，但不是每个人都能提出问题。人们在认识活动中，对客观存在的矛盾有较强的敏感性，能够把握一些令人困惑的难题，进而产生一种怀疑的精神，这种怀疑思维又不断促使人们探究新事物。

在思维活动与科学创新中，问题意识扮演着重要作用。科学发展的进程中，提出一个问题常常比解决一个问题更重要，很多事例都证明了这种观点。比如烧开水这一日常活动，有无数人都看到了水开了的现象，都会看到水壶盖被开水顶起的状况，但是人们总是习以为常，只有瓦特提问道：壶盖为什么会跳？正是因为他发现了这个问题，并对此问题进行深入的研究，才发明出了蒸汽机，直接推动了人类社会由农业文明向工业文明的发展。这些发明活动证明了一个命题：创新的前提条件是发现问题，而问题的发现又是由创新思维决定的。因此，一个缺乏问题意识或问题意识不足的人是无法进行创新活动的。在知识更新换代十分迅速的今天，良好的问题意识是大学生主动汲取知识的强大动力，是培养大学生创新能力的基础。

在知识更新换代如此之快的今天，拥有良好的问题思维是大学生进行创新活动的强大动力，是大学生创新的基础。大学生问题意识的培养可以从以下几个方面开始：

（一）培养批判意识

帮助学生树立批判意识、培育学生的批判思维，是教育的重要任务之一；在当今急需培养创新型人才的时代背景下，显得尤为重要。批判意识既是个体发展的需要，同时又是创造性人才培养的要求。

1. 不盲从权威，敢于批判

我们都知道权威并非都正确，但是敢于挑战权威却不容易。在社会化过程中，我们接受的教育一直要求我们尊重权威。例如在家里要尊重家长、长辈；在学校里要尊重老师、同学；在社会上要尊重领导。然而过度迷信权威使大学生逐渐丧失了一种批判意识。当代大学生对此要有一个清楚的认识，权威不一定都对，要敢于批判权威，敢于提出新见解。

在人类发展的历史中，许多伟大理论的提出、科学技术的发明都是源于对“权威真理”的批判。对旧事物的怀疑是推动社会向前发展的重要动力。如果没有怀疑，就会因循守旧，故步自封；正是有了怀疑和批判，才有了今天的文明。

2. 把握系统性原则，合理批判

事物都是由一定的结构和层次组成的有机体，批判意识的培养应该树立系统理念，避免以偏概全只顾眼前利益。如果在批判的过程中把握不到事物的系统性，那么这个批判是站不住脚的。

3. 自觉训练批判性思维，善于批判

批判性思维包括认知技能和情感特质（心理倾向）两大部分，包含在批判性思维技能中的“自我校正”明显属于元认知。而把批判性思维定义为元思维时，整个批判性思维就具有元认知的性质。

（二）善于发现问题

发现问题，需要我们对各种客观事物有自己的认识，并从中发现矛盾。影响捕捉问题的因素也很多，比如说从众心理的影响，惯性思维的作用以及独立思考能力和观察能力的欠缺等。

1. 克服盲目从众

从众就是我们通常所说的“随大流”，是指个人受到外界人群行为或信念的影响，而在自己的知觉、判断、认识上表现出符合群体或多数人的行为方式。从众现象是日常生活中常见的心理现象，在特定的条件下，由于没有足够的准确信息，我们通过模仿他人的行为来降低决策的风险，但盲目的从众将会扼杀一个人的独立意识，使其难以发现问题。

盲目从众通常是缺乏自信心导致的，缺乏自信心就会觉得“真理是掌握在多数人手中的”，就会下意识地否决自己的想法。克服盲目从众需要有高度的自信心，否则就可能“随大流”以避风险。充满自信心的人通常能够坚持自己的观点，对自己的观点充满信心。

2. 摒弃惯性思维

摒弃惯性思维需要对固有经验保持怀疑的态度。人们对固有的经验产生怀疑是一件比较难的事，固有的经验给人们的生活带来了很多好处：它简化了人们认识世界的过程，它为人们解决问题提供良好的借鉴和帮助。但固有的经验也会蒙蔽我们的眼睛，成为我们思维无形的枷锁。打破固有经验的枷锁首先要做到见多识广，对似曾相识的问题的认识不可以偏概全。其次，不要轻易放过自己新的体验或认知，想办法将自己新的体验和固有经验相结合，当新的体验或认知明显优于固有经验时，应放弃固有经验。

3. 学会多角度观察与思考

人们往往停留在自己习惯的角度看问题，遇到问题时，我们脑子里所闪现的往往是最熟悉的、最通俗的、最符合逻辑或最受以前经验影响的方法。作为一个创新者，最重要的技能就是应学会从不同角度来看问题。

（1）重新界定问题

不要完全接受别人告诉你该怎么想或怎么做的观点，要学会以质疑的眼光看待传统的假设，换一个角度，从产生问题的外围环境而非问题本身来思考解决的方式。

（2）寻找常人忽略的事物

在面对难以解决的问题时，不妨尝试一下回忆过往的经历或经验，思考其中是否有哪些经验可以被利用来解决目前的问题。有创新意识的人往往会选择同时寻找各种方法的新组合，以求问题解决的突破。

（3）选择创造的生活方式

培养日常生活中的自我创造力，因为只有当你尝试创新时，许多资源才会被利用起来。虽然重新界定问题不是马上可以学会的，但接受重新界定则是你可以自主选择的。

二、激发创新动机

人类的任何行为都有其动机。有些动机是显性的，即人们已经意识到了；有些动机是隐性的，还没有被人意识到罢了。

动机对人的活动有三种功能：

（1）激活功能：引发某一行动；

（2）指向功能：引导这一行动向一定的目标进行；

（3）强化功能：维持和调整这一行动。

大学生的创新动机直接影响着大学生对创新活动的期待，对创新结果的评价和体验，并进一步影响着大学生创新意识的发展和从事创新活动的积极性。

三、培养创新兴趣

人们常说兴趣是最好的老师。心理学认为，当人对某一事物产生了兴趣，就会在头脑中形成一种叫“优势兴奋中心”的东西，从而使人保持高度集中的注意力，并维持很长一段时间。因为探究的是自己心中向往的东西，所以个体在行动过程中就会产生良好的精神状态。兴趣是培养创新意识的重要条件，兴趣对培养大学生的创新意识起着不可低估的作用。

（一）兴趣的培养

创造培养兴趣的环境是兴趣培养不可忽视的环节。当前，利用环境激发学生的学习兴趣已被广泛运用于教学中。大学生作为学习的主体，要主动创造环境，培养兴趣。环境包括物理环境和心理环境：

1. 物理环境

兴趣的产生有赖于一定的环境，创新氛围浓厚的环境有利于创新兴趣的培养。可以从以下两个方面创造物理环境：一是择“创”而从，榜样示范，与富有创造力的人在一起工作学习，榜样教育是“不教之教”；二是积极参与社会实践活动。

2. 心理环境

大学生创造性思维的产生，有赖于心理的自由。心理的安全和心理的自由是激发创造性的两个条件，创新思维只有在无拘无束的思维空间中才有可能孕育、诞生。

（二）探寻培养兴趣的途径

在许多人的眼中，创新是一种遥不可及的能力，认为创新是少数天才的表现，是特殊能力的表现。其实创新的表现不一定非要伟大的发明创造，对事物任何一种不同的认知或任何一个问题的不同解决办法都是创新的表现，日常生活的革新变化也处处充满着创新。大学生要学会带着审视的眼光去观察和思考自己生活的环境，学会关心和关注周围的事物或现象，特别是自己所不熟悉的东西；在平时的生活中，多去思考自己的所见所闻，让自己活得丰富多彩；在课余时间，也要多阅读一些专业的书籍，拓展自己的知识面，培养自身广泛的兴趣爱好。

1. 培养兴趣应从简单尝试开始

即先给自己制定一些小目标，让自己在实现小目标上尝到活动过程的成功喜悦，兴趣也就逐渐产生了。再者，将一项比较复杂的任务分解为几个小目标，从比较容易的小目标入手，容易增强创新的信心。

2. 培养兴趣应从日常生活着手

日常生活中的一些创新活动给人们带来的乐趣，是培养创新兴趣的强大动力。生活中可以称之为创新的东西不胜枚举，顺利地解决日常生活中任何琐碎的问题都是创造力的表现。

3. 合理运用兴趣的可转移性

兴趣爱好是可以转移的，作为新一代的大学生应该有意识地把自己的兴趣爱好与创新相结合。

（三）自我强化需合理

自我强化是指个人依据强化原理安排自己的活动或生活，每达到一个目标即给予自己一点物质的或精神的酬报，直到实现最终目标。自我强化时人们倾向于做出自我满意的行为，拒绝那些个人厌恶的东西。

1. 物质强化

物质强化是指在进行某项活动之前，先为自己设置一些活动的预期效果，在活动过程中经常将自己的活动情况与所预期的效果相比较，如果达到了预期的效果，就给予自己一些物质奖励。

2. 精神强化

精神强化的强化物是精神、心理方面的体验，不容易控制，但对行为的效果却远远大于物质强化。每个人都会自发地进行精神强化：当完成既定的目标时，我们通常会感到喜悦、自豪，这种积极的情绪会促使我们保持对这项活动的浓厚兴趣；当未完成既定的目标时，我们应学会及时进行自我反思，调整自己的思想或行为，使创新的行为继续下去。

第四节　大学生活与大学生创新

【课程纲要】

课程目标：在课堂教学中，启发创新意识；在校园文化生活中，养成创新习惯；在科学研究实践中，训练创新能力。

主要内容：创造性教学；创新性学习；参与社团活动和创新竞赛；参与科研实践活动。

教学安排：由任课老师确定课程类型及课时，并安排实践教学。

一、在课堂教学中，启发创新意识

教学活动是大学教育中最基本的活动，也是实现教育目的的主要途径。而课堂教学又是教学活动中的一个中心环节，最直接、明显地反映出了教师的教与学生的学。它所反映的内容既包括教师教学的创新水平，也包括学生学习的创新程度。与此同时，课堂教学对于大学生创新意识的形成也有着不可忽视的作用，课堂教学的创新不仅要求学生创新性地学习，也要求教师创造性地教学。

（一）创造性教学

创造性教学是指教师在教学过程中根据学生创造活动的客观规律，运用创造性的思维方法，结合学生的主观能动性，使得他们的创造潜能和创造心理素质得到有效发展的教学范例。

1. 启发型教学法

启发型教学法是遵循教学规律，以学生为主体，以教师为主导，运用各种教学方法，充分调动学生学习的主动性、积极性、创造性，引导积极思维，融会贯通，自求答案，培养学生独立思考的能力，激发其创新思维。教师用问题来启发学生思考，通过提问的方式引出新内容、新概念、新结论，并培养学生生疑、质疑和释疑的能力，有利于激发学生创造性地思考问题。

2. 讨论型教学法

讨论型教学法通常是由教师确定一个论题，组织学生自学有关教材和资料，通过讨论的形式，发表自己的看法和主张。学生们在讨论中各抒己见，相互启发、相互学习、相互促进，从而促进新思想的产生。

3. 解决问题型教学法

当学生在学习、活动或生活中，遇到困难或发现并提出问题时，教师通过指导学生分析问题，寻求假设，进行实验，并最终解决问题，这种教学方法就是解决问题型教学法。这种教学法不仅可以培养学生提出问题、分析和解决问题的能力，而且还可以训练发散思维和集中思维等创造性思维的能力。

4. 实验探索型教学法

实验探索型教学法就是把教学和实验、科研结合起来，让它们相互促进、共同提高的一种教学方法。在教师的指导下，学生自学教材，亲身操作；自己设计实验、观察实验，自己分析、研究和判断，最终得出结论。实验探索型教学法应按科学研究的具体过程和实际阶段来组织教学。这种教学方法不仅可以验证所学的知识，还可以进一步训练大学生进行科学研究的能力，促进其获得科研成果。

5. 案例型教学法

案例型教学法是根据教学目的的需要，选择一个或几个有代表性的案例，进行讲授或讨论，使学生掌握有关这一类问题的知识和方法的教学方法。这种方法的运用，有利于提高大学生思考问题、分析问题、解决问题的能力。

（二）创新性学习

为了使课堂教学达到激发大学生创新思维的目的，仅靠创造性教学是不够的，还需要学生的创新性学习。创新性学习是指不恪守条条框框，根据实际状况，利用最适合于自身的方法和手段创造性地掌握知识、积累经验以及解决问题的方法。

创新性学习的方法多种多样，目前被社会积极倡导的主要有三种，分别是研究性学习、自主学习与合作学习。学会创新性学习有以下几个要点：

一是善于听课。要早准备、专心听、重点记、仔细看、善于想、敢于问、勤于解。

二是勤于笔记。来自美国的心理学家巴纳特曾以大学生为对象做了一个实验，目的是研究课堂上做笔记与不做笔记对学习质量的影响。实验结果表明：在听课的同时，动手记笔记的组学习成绩最好；在听课的同时看老师的笔记，但不动手记下笔记的组的学习成绩次之；只听讲而不做任何笔记的组学习成绩最差。这个实验充分说明了记笔记的重要性。

三是敢于质疑。质疑不仅是人们认识世界的方法论，而且是创造性思维的一个重要环节。

四是学会学习。学会学习就是要熟练掌握和运用学习策略，掌握基本的学习原则，掌握高效的学习方法。

二、在校园文化生活中，养成创新习惯

校园文化对大学生创新能力的提高具有重要的作用，如何引导大学生参与校园文化活动，让大学生在参与中更加有效地培养和锻炼其创新能力，是我们当前在开展校园文化活动的时候必须思考的一个问题。

（一）参与社团创新活动

社团是以兴趣为基础的，它将有共同兴趣爱好的学生汇集到一起，为他

们发现、发展、挖掘自己的兴趣、潜力以及特长创造了良好的条件，社团的存在很好地贯彻了因材施教这一理念。作为校园文化生活不可缺少的一部分，一方面，社团活动的开展也对大学生创新素质的培养和创新习惯的形成起到了积极的促进作用；另一方面，大学生参加社团活动除了可以释放压力、使心情得到放松以外，还可以在活动中以及与他人交往的过程中满足自己的好奇心、自尊心等，为大学生情感和健康人格的养成创造了良好的环境。

大学生的课外活动是丰富多彩的，为了培养大学生的创新能力，高校应鼓励大学生根据自身的兴趣和特长，结合专业背景，参加或成立各类科学研究协会或兴趣小组，如发明协会、机械创新协会、创造协会、机器人兴趣小组、创业兴趣小组等，让学生们在活动中提高自身的素质和能力。社团形成了自我教育、自我发展、自我管理、自我约束的氛围，这不仅有利于培养学生的创新能力，还有利于促进其领导能力和工作能力的提高。

（二）参与创新竞赛

创新竞赛一直被视为培养大学生创新能力和创新习惯的重要途径之一。在这里我们以“大学生挑战杯”竞赛为例来解析创新竞赛对于大学生创新素质培养的重要性。

“大学生挑战杯”竞赛是由共青团中央、中国科协、教育部和全国学联主办的具有示范性、导向性、群众性的一项全国性竞赛活动。“挑战杯”活动克服了传统教育中重知识轻能力的弊端，除了要求学生熟练掌握相关知识，还对学生的科研能力有一定的要求，这有利于提高大学生的科研能力、培养大学生的创新思维和创新习惯。当代大学生只有不断地拓宽自己的知识面，善于发现和运用知识，才能够适应社会发展的需要。除此之外，“挑战杯”活动还搭建起了连接课堂教学和创新教育的桥梁，成为丰富创新教育的一个手段；作为一项活动，“挑战杯”大多是利用学生的课余时间开展的，学生可以根据自己的兴趣爱好和特长选择研究课题，这大大激发了学生的创新欲望和对课题研究的兴趣；同时，学校组织学生开展“挑战杯”活动有利于营造浓厚的学术氛围和创新氛围，让学生们在潜移默化中养成创新习惯，增强创新思维能力。

三、在科研实践和毕业设计中，训练创新能力

大学生要积极参与各种类型的创新实践，在科研实践中、在毕业设计（论文）中、在发明创造和申请专利过程中，提升创新能力。

（一）在参与科研实践中提升创新能力

作为一名大学生，在参与科研项目的过程中常常无法依靠自己所学的专业知识或技能去解决问题，许多重要的实践知识可能在课堂上都没有讲过，经验更是很难学到。在这种情况下，指导老师的指导就显得尤为重要。如果说大学生在参与科研项目中可以培养自身的创新能力，那么，指导老师的科研项目无疑提供了一个良好的指导和实践平台。大学生在参与科研项目中提升创新能力主要表现在以下两个方面：

1. 创新思维的培养

大学生进入教师课题组进行导向性科研实践，这是一种类似于研究生的实践教育培养模式，在学生对科研项目感兴趣的同时，引导学生发现科研项目中的问题，进而分析问题、解决问题。开展以学生为主体的创新性实践，让学生了解科技发展的最新情况，接触本领域的新技术、新方法以及新思想，以形成比较完善的知识结构。这不仅促进了大学生与指导老师之间的互动，更激发了大学生的创新思维，有利于大学生理论知识与实践经验的有机结合。

2. 创新实践能力的培养

参加科研项目是提高大学生实践能力的重要渠道，实践是创新的源泉。大学生在参与科研项目的过程中只有亲自动手做实验，才能在实验过程中发现问题，进而分析问题、解决问题。这种亲自动手的实验过程有助于提高大学生的创新实践能力和创新科学素养。教师的科研项目可以为大学生提供较好的科研实践平台。

与教学实验室相比，科研平台实验装置、仪器设备大多是十分先进的。这为培养大学生的科研实践能力提供了必要的物质基础。先进的设备也有利于激发大学生的好奇心、探究兴趣和求知欲望，而正是这种好奇心才会促进

更进一步的创新研究，才会迸发出创新的火花。

（二）在毕业设计（论文）中提升创新能力

毕业设计（论文）是学生综合运用各种知识、能力的实践活动。其目标、结果、过程、形式等因素决定了它在培养创造性实践能力方面具有得天独厚的优势。学生可以在其中进行创新思维训练，构思创新计划，锻炼创新能力，体验创新乐趣，分享创新成果。毕业论文绝不仅仅是一个简单的书面呈现，书面表达或制作仅是毕业设计（论文）写作的最后过程；在此之前，还必须经历发现和提出问题、收集和整理文献、生成和厘定概念、提出学术命题、选择研究方法等环节。这些环节中都存在创新。毕业设计（论文）对大学生创新实践的作用主要体现在以下几个方面：

1. 在论文选题过程中培养创新能力

毕业设计（论文）应体现研究的可行性、新颖性和独特性。因此选题是论文创新性的起点和关键。一是要掌握运用批判性思维的方法，有意识地培养自己敏锐的洞察力，把观察问题和已知的知识联系起来去思考。二是要培养自己的发散性思维能力，从思维的中心点出发，通过多角度的思辨，从不同的侧面，用不同的方法去考察、分析选题，摆脱思维定式的禁锢，打破常规思维模式的影响，捕捉思维的目标，发现创新点和创新萌芽，开发选题的多维性。

2. 在文献综述过程中培养创新能力

在文献综述过程中，要善于提出问题，能够分析、评判论证过程，评价结论。具有批判性思维的文献综述，不仅要知道关于某一事物的结论，而且要审查得出这一结论的依据，能够把自己对事物的推测看作尚待验证的假设，认真加以检验，去伪求真，甚至推翻整个假设。

3. 在论证过程中培养创新能力

论证过程中的创新能力的养成就是要建立起良好的思维品质，不仅要对所提出的问题单纯地做出肯定或否定的回答，而且要在事实和论证的基础上培养敏锐的观察力、丰富的想象力、较强的动手能力、定量的数量分析和严密的逻辑推理能力，并能够借此建立起明确的论据，得出自己的结论。

4. 在结论推导过程中培养创新能力

毕业设计（论文）中的结论推导过程非常重要，这是根据论文前面部分的文献综述、研究结果讨论、研究带来的意义以及对未来研究的建议进行的全面总结，可以充分体现创新思维的结构要素，如怀疑精神、宽容精神等。

（三）在发明创造、申请专利过程中，提升创新能力

大学生从事发明创造不是一件高不可攀的事情，也没有什么神秘。只要综合运用各种自然科学知识、学会一些发明创造的技能和方法，在老师指导和同学们的帮助下，就能做出科研成果。学习一些专利知识，按照规范就能写出相关的专利文件、递交申请。

在“做发明”和“写专利”这个过程中，同学们可以锻炼创新能力，体会到创新的乐趣，并能获得创新的成果。

本书第三章、第五章对此有详细的讲述，此处不再赘述。

发明创造技法

习　题

【思考题】

1. 什么是发明创造技法？为什么要学习掌握它？
2. 开拓性发明法有什么特点？
3. 常用的组合发明法有哪几种？
4. 分解发明分为哪几类？
5. 什么是选择性发明？
6. 为何要采用相似联系法进行转用发明？
7. 已知产品新用途发明法有哪些特点？
8. 要素的变更（增加或者减少）会产生发明创造吗？

【实训题】

1. 分组讨论题目：“我认为发明技法应该组合使用”

2. 请您将下面的三种物品（自行车车把、电视机遥控器、开关插座）之一，进行转用发明。

3. 请根据您生活的体会，对家用电器做出10项要素变更发明。

第一节　概　述

【课程纲要】

课程目标：让大学生了解方法和技巧对于发明创造的重要性，掌握好、应用好可以事半功倍。与《专利审查指南（2010）》的论述相结合，介绍常用的发明技法。

主要内容：发明创造技法；发明创造技法的重点及其分类。

教学安排：由任课老师确定课程类型及课时。

发明创造技法是从发明创造活动中总结出来且有助于人们运用创新思维规律去实现发明创造的方法；通过激励、启迪、诱发发明创造新设想的技巧和方法，促进人们获取发明创造的成果。“创造有法，但无定法”，发明创造技法可以帮助人们从事发明创造，但不可能代替人们的发明创造。使用这些方法时要灵活运用，而不能按图索骥。

发明创造技法的重点是研究怎样充分发挥创新思维的作用以促进发明创造成果的产生。它不同于一般的实际操作技法。学习发明创造技法，并不能让创新者获得某种技术专长，但可以让创新者在创新过程中拓宽思路，扩展视野，提供问题思考的多视角。通过发明创造技法的学习，人们可以了解发明创造活动的一般规律；灵活运用创造技法，可以帮助构思出各种新颖的创造性设想，增大发明创造成功的可能性，使发明创造工作少走弯路。

发明创造技法主要可以分为两大类：一类是发现问题的技法，也就是产生创造性设想的技法；另一类是解决问题的技法，也就是实现创造性设想的技法。当然，有的技法既可用于产生创造性设想，也可用于实现创造性设想。这要根据发明创造的实际需要来熟练掌握和运用。

发明创造技法源于创新思维，各种方法的思路有时会相互交叉，同一种方法有时又表现为多种形式，很难严格分类。一项科技成果在发明创造过程中往往会运用多种技法。过分强调技法的分类标准和方法，没有太大意义。

《专利审查指南（2010）》在论述创造性判断的时候，将发明分为几种不同的类型，包括开拓性发明、组合发明、选择发明、转用发明、已知产品新用途发明、要素变更的发明等。我们按照这个分类介绍一些常用技法，帮助读者了解创新技法主要解决什么样的问题。还有更多的创新技法各具特色，有待同学们多方涉猎。

第二节　开拓性发明法

【课程纲要】

课程目标：通过本课程的学习，大学生可以了解开拓性发明法的概念，了解联想创造法的种类。

主要内容：联想技法的意义和类别；使用联想技法去进行发明创造。

教学安排：由任课老师确定课程类型及课时。

开拓性发明，是指一种全新的技术方案，在技术史上未曾有过先例，它为人类科学技术在某个时期的发展开创了新纪元。

开拓性发明同现有技术相比，具有突出的实质性特点和显著的进步，具备创造性。例如，中国的四大发明——指南针、造纸术、活字印刷术和火药。此外，作为开拓性发明的例子还有：蒸汽机、白炽灯、收音机、雷达、激光器、利用计算机实现汉字输入等。

开拓性发明，广义上讲是没有可以参考借鉴的手段和方式；从狭义上来看，运用联想思维法是该发明的主要方法之一。

众所周知，世界上的各种事物之间并不是孤立的，彼此之间都存在着联系。这种联系就是我们联想的基础和根据。联想能够让我们将生活中各种各样不同的事物联系起来，相互间给予启发和创意，实现创意质的改变，产生发明创造。从客体上看，结构、形状、颜色、性质、空间位置等各种信息都可以成为思维联想的对象；而相同、类似、相反、借用、对比、移植等方法也可以运用在不同的联想对象中。所以，联想技法是最富有活力的创造技法。而不管如何运用联想技法，只要能够解决问题，都是好方法。

由于联想作为人脑的一种活动方式，是人们心理活动的外在体现，具有很强的跳跃性和不确定性。一方面，这种不确定性为我们思维的运行提供了广阔的活动空间；另一方面，正是由于思维的漫无边际，毫无规律可循，使得联想技法的效率有限。所以我们需要采用逻辑的方法将思维方式进行归纳和收敛，提高我们的创新效率。

一般来说联想法归纳起来主要有以下几种：接近联想创造法、控制联想创造法、对比联想创造法、因果联想创造法、目标联想创造法、相似联想创造法和自由联想创造法。

自由联想法又称为随意联想，是指对事物不受限制的联想而进行发明创造的方法，包括自然而然、没有任何意志控制状态下的自发联想。其特点是不必遵循任何规则，任思想自由驰骋，海阔天空，任意想象。比如，由宇宙飞船想到建立太空度假村，由地热想到地热发电等。正是由于这种跳跃性思维，直接导致自由联想法的创新效率较低。

创造活动的初期，自由联想是确定创造目标、寻求创造课题和启发创造灵感的方法。自由联想从方向上来看一般可以分为：发散式自由联想和连续式自由联想。

发散式自由联想是指联想的方向不确定，然而都是围绕最初的一个客体展开，如“太阳能发电—太阳能热水器—太阳能手表—太阳能汽车—太阳能电池……”。

连续式自由联想是以前一个词语或事实作为基础，产生与之有关的下一个联想，并不断地联想下去，如“狗—鸡—鸟—鱼—船—潜艇—螺旋桨……”。

有这样一个例子。一个在都市生活的年轻人，有一天他去野外游玩，站在山涧的溪流边，听着潺潺流淌的流水声，感觉整个人身心愉悦，于是思维的激荡开始了：城市中的人们整天生活在都市中，身边充斥着噪声和嘈杂，经过一天的辛苦劳作，一定想倾听大自然的声音，如果把这些流水声、鸟叫声都记录下来，让人们足不出户就能够感受到大自然的美妙，人们一定乐于接受，于是“大自然谱写的华尔兹”的音乐磁带成了当时的热销商品。紧接着，“自然的新鲜空气”“海边的沙子”等一系列的产品都得到了大卖。

正是由于自由联想让各种自然环境中寻常的事物身价倍增；所以一般的发明创造活动都鼓励自由联想，这样可以引发思维的连锁反应，容易产生大量的创新性设想。联想思维越活跃，越是能够把自己有限的知识和生活经验充分地调动起来，加以运用。联想思维活跃的人，能够把身边稀松平常的事物联系起来，创造出想象不到的价值。

然而，自由联想并不是完全无目的、无规律、空洞的胡思乱想，而是具有一定目的性、形象性和概括性的思维活动。所以为了让自由联想更加有规律性，效率更高，一些创造性的好方法也应运而生。

这种事例有许多：

加拿大一位发明家为寻找创造目标，将印有几百个字的小塑料条装进一个特制的容器内，按动电钮，容器里的字条就搅拌起来，然后就在容器的小窗口显示四五个字。这些随机出现的字，就有可能启发他产生一个新念头。如果把自己要解决的问题同这些字联系起来，就有可能帮助他形成一个创造性地解决问题的办法。这种方法被他称为“思想箱”。

美国加利福尼亚大学实验学院开设的发明创造课，要求学生从一大本百货商品目录中，任选两页；再从每一页中各选一件物品，让学生试着把选出的两种物品进行组合，变成一个有用而独特的发明项目。

目前，这种方法已经得到一些推广，许多企业把商品手册和目录分发给产品设计者，让他们站在不同的角度上，任意联想两种或两种以上的商品，启迪创新意识，引出发明创造的念头，开发创新产品。正是这种方法的不断完善和进步，产生了二元坐标联想选题法；通过借助坐标系把人们已知的客观事物建立起联系，使无数原来不容易和不可能相互联系的事物联系起来；然后，对创造性的联想点进行预测判断和推理剖析，从中形成前所未有的新念头、新形象、新思想；最后，经可行性分析，确定成熟的发明创造课题。

第三节　组合与分解发明法

【课程纲要】

课程目标：让大学生了解组合发明法和分解发明法的内容和定义，掌握两种方法的分类、分析方法和具体实施步骤。

主要内容：组合发明法；分解发明法。

教学安排：由任课老师确定课程类型及课时。

组合发明，是指将某些技术方案进行组合，构成一项新的技术方案，以解决现有技术客观存在的技术问题。

在进行组合发明创造性的判断时通常需要考虑：组合后的各技术特征在功能上是否彼此相互支持、组合的难易程度、现有技术中是否存在组合的启示以及组合后的技术效果等。

当今社会，随着高科技的不断发展，新型的科学和发明早已不再是单一学科的产物，而是多个技术领域间相互联系、相互融合的结晶。从某种意义上来看，发明创造包括两种方式：一种是从无到有的原始创新；另一种是把多个交叉学科的研究成果相互融合、重组，实现新的功能和效果。

本章所述的发明法包括采用组合、分解、移植、嫁接等多种方法，将已知事物的概念、方法、原理、结构、材料等特征扩散或者置换到另一种事物上，经过重组后产生的创造性发明。方法的实施可以概括为组合和分解两种形式。

一、组合发明法

组合发明法是将两种及两种以上的技术思想、产品结构、方法理论的一部分或整体进行适当的组合变化，形成新的技术思想、设计出新的产品的发明创造方法。组合发明创造可以小到两个相同零件的组合，如两个齿向相反的斜齿轮的组合，发明了人字齿轮；也可以大到两种或两种以上不同技术系统的组合，如机械技术与电子技术的组合，其成果有数控机床、指示行驶位置和到达目的地前进方向的小轿车、无人驾驶飞机等等。其特征是思路的多起点、多指向、多交叉、多节点，具体包括组合的选择方法和组合的分析方法。

现实中我们所说的组合发明，基本上是将一种以上事物的特点加以整合，将一种技术添加到另一种技术上，实现不同功能或者优点的不断集成。组合的方式多种多样，大体上可以分为以下四种：

（一）主体附加

主体附加就是在原有的技术思想或物质产品上补充新内容、新附件。其特点是：组合事物的主体不变或者没有影响功能性的变化，附加的组合作为主体技术或者结构的补充，可以实现某种新的功能，为主体事物服务。例如，在照相机上面加上闪光灯（如图 3 - 1 所示）。

图 3 - 1　在相机上附加闪光灯

早期的自行车没有车铃，后来人们把响铃装在自行车上，才有了车铃。再如，一种附加在摩托车上用于转向时鸣喇叭的装置，转弯时转向灯亮，同时喇叭响起。与此类似的主体附加创造包括在机动车上增设灯光、声音等各种装置，都是为了保证行驶的便捷和安全。

有一名五年级的小学生，根据主体附加组合法提出了改造水杯的新思路。他针对病人吃药丸时，容易丢三落四，往往不能同时备齐药丸和水这两样东西的情况，改造了杯子底部，设计出了“带储藏盒的水杯”。从杯底角度垂直俯视这款水杯，它的盛水内胆底部是凹形的。而与之配套的是一款可嵌入杯底的凸形储藏盒，如图 3 - 2 所示。

这款储藏盒开口可以移动关闭，能够确保盒内物品清洁，同时，它的嵌入取出也都非常便利。有了这款“带储藏盒的水杯”，病人出门在外服药更加方便。当然，这个储藏盒不仅能放药片，也能放茶叶等可冲泡之物。

图3-2　水杯附加药盒

主体附加创造法是现实生活中最常见的组合发明创造方法，围绕着一个主体进行各种各样的添加，通过添加不同的结构、技术、装置，从而使得原来的主体具有新的功能。这种方法较为容易掌握，但要强调几点：

第一，需要有针对性地确定一个主体。

第二，需要对该主体的优点和缺点进行全方位的分析。

第三，在主体主要结构或功能保持的前提下，通过增加具有特殊属性的技术或者结构弥补主体的缺点。

最后，要让主体的特点和附加物的特点进行融合，才能实现创造性的发明。

（二）异类组合

异类组合与主体附加法不同的是这里的组合并没有确定一个相对的主体，两种以上的组合物之间并没有明显的主次关系，相互间的组合也更为多样，技术的渗透和杂糅程度也相对较大，在相互叠加融合的过程中引发整体的变化，创造程度更高。激光手术刀、激光唱片、激光打孔机床、电子灭蚊器等发明，都是异类组合创造的成果。

在异类组合创造的过程中，发散和集中是相互依托、相互矛盾的存在。一方面，从某一事物的功能或原理、结构、材料、方法等出发，将这些特点发散到其他众多不相关的事物上；另一方面，将各种看上去不相关事物的功能、原理、材料、方法等特点集成到一个方向和目标上来。事物的差异性带来组合的创新性。

异类组合就是通过差异创造差异。事物的差异越大，联想和组合起来就越困难，而往往这种情形下产生的新事物也具备更强的创新性。

（三）同类组合

同类组合是指若干相同事物在时间或者空间上的叠加和组合。其特点是：组合后的事物各自的工作原理或基本结构上没有根本性的变化，往往具有组合的对称性和一致性趋向。但通过数量的增加能够弥补原有事物的性能缺陷，由量变带来质变，产生新的内涵。

双管猎枪、鸳鸯枕、情侣表、龙凤笔以及双联插座、三联插座等，这些都是简单的同类组合。如果将单缸发动机组合为双缸、四缸发动机，那就是复杂的同类组合。

同类组合主要用于工业产品的创新设计，可以比较省事地使许多事物增添光彩，取得大量实用新型和外观设计专利。同类组合创造的技法独特而不深奥。思考的关键问题是首先探讨一下，究竟哪些事物需要自组，而且能实现自组。

同类组合主要从以下几个方面考虑：

第一，将相同的或相似的东西组合在一起。

第二，原来的基本功能会发生一些改变，产生了新的功能和新的作用（至少会产生增强的效果）。

第三，由于组合的角度不同、形式不同、方法不同、目的不同，故而产生创新的结果就不同。

当然，同类组合看似容易，而能够产生新的需求、体现新的价值的同类组合却不易得来。

（四）重组组合

重组组合是将原组合按事物的不同层次分解后又以新的构思重新组合起来的发明方法。其特点是：从事物的结构或者技术入手，通过改变原有结构上各个部件的空间位置关系或者技术上各个组件之间的先后顺序，从这种变化中获得创新的灵感。

将螺旋桨飞机机首的螺旋桨的安装角度变换 90 度便成为直升机，将水平的喷气发动机变换 90 度对着地面喷气而构成垂直起落的飞机等。

前文说过事物都具备整体性和分散性。这里说的整体性是指由很多个相互间有逻辑关系和层次关系的部分构成，而分散性是指事物的各个部分都可以通过逻辑关系的改变或者层次结构的调整进行不同的组合，而这种重组作为挖掘创新的方法，可以充分发挥现有产品和技术的潜力。

重组组合的步骤如下：

1. 针对事物的特点，分析事物的各个不同的组成部分；
2. 从各个组分间的逻辑关系入手，分析各组分的技术、结构、功能；
3. 上述这些功能在产品整体中的角色，以及相互之间的关系；
4. 针对这些关系进行深入研究，将各种组分进行优化组合，改进其不足；
5. 探索和建立新的逻辑关系和层次划分；
6. 提出重组方案，进行可行性研究；
7. 进行重组试验。

二、分解发明法

任何事物都是对立统一的。物体可以组合，就可以分解，利用组合可以发明创造，那么，利用分解是否也可以发明创造呢？回答是肯定的。

一件衣服，把它的大半个袖子截下来就是套袖；从肩部剪下来，剩下的部分就成为坎肩，再裁大一点就成为背心了。一双长筒靴子，把它的筒部截下来就是护膝，把鞋帮的后半部分去掉，就成为拖鞋了。当然，这些是创造思想，要想获得实用的产品还需要进一步加工。这种利用分解发明的技法就是分解发明法。

从某种目的出发，将一个整体分成若干部分或者分出某个部分就是分解。分解创造有两种情况：

1. “分成若干部分”仍构成“一个整体”，但有了新功用，这是一种分解而不分立的创造。例如，折叠方圆桌。

2. 从“一个整体”中分出某个组成部分或某几个组成部分，由此构成功能独立的新的“一个整体”，这是一种既分解又分立的创造。例如，把本来完整的手套至五指处分解开来，分离出手掌部分，即发明了露指手套。

任何一种高明的方法都不能适应一切事物，分解发明也不例外。哪些事物能分解，哪些事物不能分解，哪些分解能产生发明，哪些分解不能产生发明，即选择和确定分解的对象，是分解发明的首要问题。经过分解创造，分解对象的局部结构或局部功能产生相互独立的变化或者脱离整体的变化。

组合发明法主要追求某事物的多功能，分解创造一般求取某事物的新功能或某一功能。但绝不能理解为分解创造是把组合创造的成果再分离成组合前的状况。例如不能理解为把多联电源插座分解为一个个单插座，因为这样的复原没有创造意义。

组合发明和分解发明各有所长，不能互相代替。分解可以使我们发现更多的创造对象，做出组合发明所不能做出的创造。任何一个整体，只要能分解成异于原来的状态，异于原来的功能，或者分解出新的事物，就具有进行分解发明的意义和价值。

某个整体能否分解并取得发明，可从以下三点进行分析：

1. 分解是否能够完善整体原有的功能，或者提高原来的性能（如喇叭分置的收录机）；

2. 经过分解是否使整体增添了一种或一种以上的新功能（如折叠式方圆桌、组合地毯）；

3. 从整体是否能分离出一种功能独立的新的整体（如表演杂技用的高位独轮车、套袖、无指手套）。

唯有创造性和可行性的分解对象，才有进行分解发明的必要性和取得成功的可能性。分解发明，按事物分解前后功能或用途的变化，可分为以下三种：

（一）原功用分解

将某个整体（单一整体或组合整体）分成若干部分或某一部分，作为一个新整体（新的单一整体或组合整体）时，功能结构基本不变或稍做变化，其功能目的同整体时的功能目的一样。这样的分解发明叫原功用分解。见图3－3。

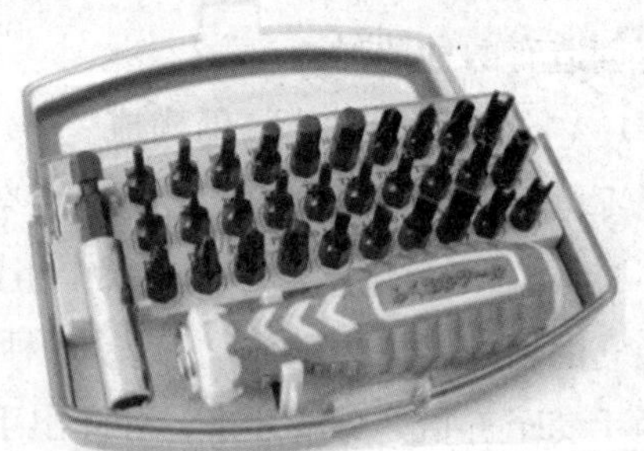

图3－3　可分解式工具盒

书橱等大都装着滑动玻璃，滑槽同书橱等是一个整体。由于滑槽不平或变形等原因，经常卡住玻璃。如果把滑槽分解出来，采用金属或塑料压制成型，成为滑槽专用件，哪里需要就可安装在哪里。不难看出，它以优异的性能实现了原来的功能。

原功用分解的方法与步骤如下：

1. 研究某整体即分解对象（如手电筒）的功能分布，从整体功能（照明）分析到各层次或各部分（灯泡、电池、开关等）的分功能（发光、供电、控制通电等）；

2. 分析功能分布状况，弄清功能关系，尤其是功能与相应结构的关系；

3. 思考哪个或哪些功能有必要从结构上独立开来或分立出来；

4. 思考实现新功能的载体是什么；

5. 对比旧载体，新载体能从哪些方面充实、改进或提高其原有功能，在使用上有什么好处，解决了什么问题。

原功用分解是最常用的分解发明法。刀头可换的车刀、组合裙衫、经过分解加工后组合起来的大型或重型机械零件、组合地毯等，都是原功用分解的发明创造。只要分解对象筛选得当，分解过程得法，就会有所创造，有所发明。

（二）变功用分解

将某个整体分成若干部分或分出某一部分，作为一个新整体时，功能结构基本不变或略有变化，而功能目的却不同于整体原来的功能目的。这样的分解发明叫变功用分解。

变功用分解发明，追求的是功能目的的转移。

例如自行车，它是一个多层次的组合整体。把它斜分成两半，并对后半部分施以以下小改造：将车座升高，把水平传动改为垂直传动，同时改变传动比，这就成了表演杂技用的高位独轮车。它分解后的功能结构同分解前的对应功能结构没有多大差别，然而功能目的则与原来大相径庭。其用途不再是代步，而成为杂技表演的道具。

（三）创功用分解

创功用分解是将某个整体分成若干部分或分出某一部分，作为一个新整体时，产生了新的功能，而功能目的即功能用途，有可能变，也可能不变。

活字印刷术的发明，就是对古老的雕版印刷分解发明的硕果。将雕版上相互位置固定的字（这是雕版的功能结构）全部分离成单个的活动的字（这就成为活字印刷的功能结构），就可以按文字需要，灵活地取字排句，这样容易修改错别字句，而且活字可以重复使用，极大地提高了印刷效率和印刷质量，并降低了印刷成本。分解雕版印刷，创造了新的功能，从而实现了印刷技术的革命性飞跃。

分解不仅是发明创造的技法，也是认识事物的方法。通过分解事物，人们可以深入到事物的内部，进行系统的观察与周密的思考。

在分解过程中，人们可以接触事物各层次的结构，认识各层次的结构功能，分析各层次的功能目的，会看到很多巧妙结构，学到许多结构设计的方法，受到创造的启示。

第四节　选择发明法

【课程纲要】

课程目标：让大学生了解选择发明法与列举法的关系。了解列举法的概念和分类，掌握特性列举法、缺点列举法、希望点列举法的异同点。

主要内容：特性列举法；缺点列举法；希望点列举法。

教学安排：由任课老师带领学生进行课堂互动，使用选择发明法分析产品，启发大家的发散性思维。

选择发明，是指从现有技术中公开的宽范围中，有目的地选出现有技术中未提到的窄范围或个体的发明。在进行选择发明创造性的判断时，选择所带来的预料不到的技术效果是考虑的主要因素。针对化工类的创新，往往通过筛选出某一个参数，使得技术效果大幅度地提升；针对一般的创新，常用的创新技法是列举法。

20 世纪 30 年代初，美国内布拉斯加大学克劳福特教授首先提出了“特性列举法”，并在大学开始讲授。经过 80 多年的完善与发展，已形成了一种常用的、成熟的创新技法——列举法，该技法是以列举的方式把具体事物的特定对象（如特点、优缺点等）展开，用发散性思维来分析寻找发明创新的目标和途径。

在列举法的运用中，根据所列举的对象不同，可以划分为特性列举法、缺点列举法、希望点列举法三类。下面从每类技法的基本原理和操作程序两个方面来进行讨论。

一、特性列举法

特性列举法又称属性列举法或分析创造技法，是美国创造学家克劳福特教授研究总结出来的一种创造技法，特别适用于具体事物的发明创造或创新。

特性列举法是通过对发明创造或创新的对象进行特性分析，从整体到部件、从材料到制造方法及加工工艺、从性质到状态、从功能到作用，一一将其列举出来，保其优点，去其缺点；针对存在的问题，探讨能否创新和找出创新的办法，最后形成一项完整的全新的发明创新。其具体做法是：首先选择一个目标比较明确的发明或创新的课题，选择的课题宜小不宜大。一般说来，课题越小，越容易获得成功。

1. 特性列举法的第一步

首先把大课题分成小课题，列出特性。一般说来，事物的特性包括名词、形容词、动词三个部分的特性。以水壶为例：

（1）名词特性：由名词所表现的特性，表明事物的整体、部分、材料、制造方法等。

整体：水壶；

部分：壶身、壶嘴、壶盖、壶底、提把、蒸汽孔；

材料：不锈钢、铝合金、铜、铁；

制造方法：冲压、焊接、浇铸。

（2）形容词特性：由形容词表现的特性，反映事物的性质和状态，如：颜色、形状、感觉、性质、状态等。

性质：轻重；

状态：圆、美观、整洁。

（3）动词特性：由动词表现的特性，体现事物的某种功能，即特定的职能或用途。

功能：装水、烧水、倒水。

2. 特性列举法的第二步

从各个特性出发，逐一对比国内外的同类产品，找出优缺点，通过提问诱发出可用于创新的创造性设想，或结合智力激励法产生众多的设想。

3. 特性列举法的第三步

再经过检核、评价，挑选出经济效益高、最佳的可行方案组织实施，实现发明创新的目标。

具体操作程序如图 3－4 所示：

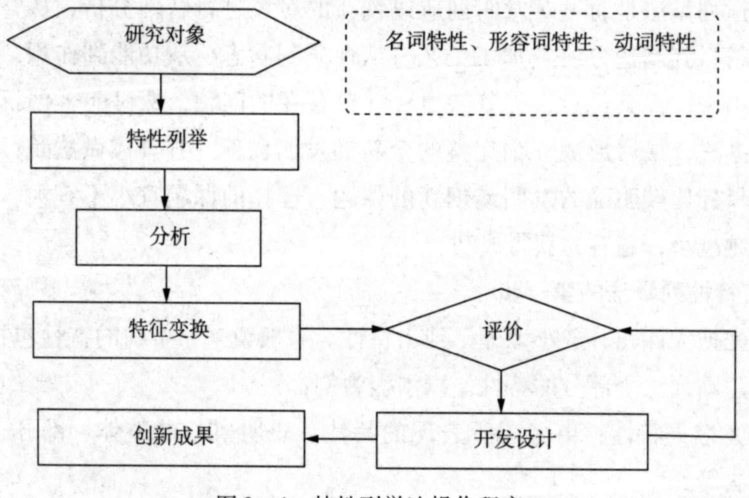

图 3－4　特性列举法操作程序

例如山东省某市一名中学生，运用特性列举法对圆规进行特性分析。

整体：圆规；

部分：两支规脚、铅笔夹、垫片、钮头、螺丝；

功能：画圆、分角、作圆；

材料：铁、铜。

然后，他从功能特性出发思考问题：功能可否再增加一些呢？于是，他尝试着把刻度、三角板、量角器的功能往圆规上组合，构思出了可以画圆、角和直线的多用圆规新设想。

该多用圆规采用有机玻璃制造，式样美观，方便轻巧，可装入铅笔盒中，投入市场后，深受欢迎。他的这项成果获得山东省青少年发明创造奖。

二、缺点列举法

缺点列举法是由美国通用电子公司提出的，它通过对事物的分析，着重找出它的缺点和不足，然后再根据主次和因果，采取改进措施，从而在原有基础上创造出一个新成果。

缺点列举法是为了提高产品质量而提出来的，但其应用是非常广泛的。这是因为任何事物都不是尽善尽美的，都是存在一些缺点的，因而都是需要改进的。所以该技法不仅有助于创新某项具体产品，解决属于“物”一类的硬技术问题，而且也可用于属于“事”一类的如企业管理等软技术问题，是一种简便有效的发明创造方法。它通过对事物的缺点列举，激发人们的创造性设想。

任何事物都是一分为二的，也就是有其能存在的优点，也有其逐渐被淘汰或需要改进的缺点。人造事物的缺点大致分两类：

一类是事物于孕育和形成过程中造成的缺点。工程设计中指导思想上或计算上的失误，例如铸件的砂眼、裂纹等。

另一类是事物形成后，随着时间的推移、环境的改变，原来的优点失去了积极作用或转化为消极作用而转变的缺点。例如，风箱是宋代的发明，风箱作为鼓风设备，风力大、效率高是它的优点，可是随着冶铁技术的发展，风箱的缺点又恰恰是风力小、效率低。

缺点列举法就是把这两类缺点一一寻找并列举出来，并对其进行改进。在寻找事物缺点的过程中，应该注意事物的一类缺陷，即事物在造就前和造就中形成的那些缺点，简称“造就性缺点”。造就性缺点是显露的，很快会被人们发现。事物的另一类缺点即事物造就以后转化形成的缺点，简称“转化性缺点”，转化性缺点是潜伏的，短期内很难觉察。

脚踏式缝纫机，体积大、噪声大、较沉重是明显的缺点。随着人们生活水平的不断提高，追求时尚，每件衣服的穿用时间缩短，而衣料却比过去的耐用，个性化服装多去服装店制作，这样一来，家庭购买脚踏式缝纫机的不多了。同时，人们都希望房间尽量宽敞，讨厌那些既占地方又不常用的器物。现在的脚踏式缝纫机在家庭中逐渐减少了，这就是它的转化性缺陷。

由此可见，寻找并揭示事物的潜伏缺点比寻找事物的显露缺点困难得多。对事物的潜在缺点必须用发展延伸的眼光，观察、探索、分析到一定深度和广度才能发现。

无论是显露的造就性缺点，还是潜伏的转化性缺点，抓住它们就找到了改变或者提高原有事物的着手点。事物的缺点按其形成原因来分，有造就性缺陷和转化性缺陷；按事物缺陷的属性来分，有功能性缺陷、原理性缺陷、结构性缺陷、造型性缺陷、材料性缺陷、制造工艺性缺陷、使用维修性缺陷等。

某些旧产品，只要准确抓住其一个缺点或若干个相关缺点，探究其原因立题攻克，就能使旧产品焕然一新，身价倍增，或者促使产品更新换代，推出全新产品。

例如灰口铸铁管抗拉强度低、没有韧性，而钢管抗拉强度高、韧性好，但耐腐蚀性能差。根据这些缺点，人们研制出了用途广泛的抗拉强度高、韧性好、耐腐蚀性能好的球墨铸铁管，在我国已成为铸铁管更新换代的新产品。

缺点列举法的形式可采用智力激励法，即召开缺点列举会，参加人数5~10名。围绕主题，让与会者畅谈设想，并尽量多列举其缺点。列举时，应循着由浅入深、由近到远的思路，先考虑列举造就性缺点，再考虑列举事物的转化性缺点。并要认真具体地分析事物缺陷的属性及各属性之间的内在联系，创造的突破点往往就在这里。最后从中挑选出主要缺点，进一步弄清其产生的因果关系，考虑克服对策，为制订切实可行的创新方案提供依据。会议时间1~2小时，研讨的主题宜小不宜大，遇到较大题目，应分解成若干小题目，分次用缺点列举法解决。

具体操作程序如图3-5所示：

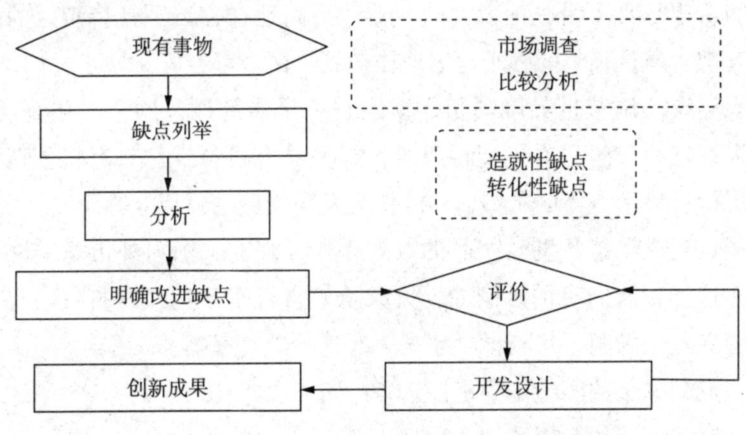

图3-5　缺点列举法操作程序

三、希望点列举法

希望点列举法是发明创造者从个人愿望或广泛收集到的社会需求出发，提出并确定发明创造项目的一种技法。它不受原有事物的束缚，是一种积极主动型的发明创造方法，可使产品达到标新立异的目的。

古往今来，世间的许多东西都是根据人们的希望创造出来的。人们希望飞上天空，就发明了热气球、滑翔机、飞机；人们希望遨游太空，就发明了火箭、宇宙飞船；人们希望冬暖夏凉，就发明了空调设备；人们希望能传递图像，就发明了电视机；人们希望快速计算，就发明了电子计算机等。

希望就是人们心里想着达到某种目的或出现某种情况。发明创造的希望不是出于人们单纯的主观愿望，而是从实践中提出的需要。希望和需要不可分割，同时具备创造性、科学性和可行性的希望更非臆造之物，它是人们用发展的眼光深刻地认识和预测客观事物的结晶。对事物认识不深，预测不远，就难以获得有创造性、科学性和可行性的希望。虽然产生一点创造性，然而只能是经不起科学推敲的不可行希望。

每年都有许多国家或地区遭受旱涝灾害。于是有人希望发明一种装置来调节各地的降雨量，而且琢磨这个问题的人还真不少。国外有一位发明者，按照他的希望是要发明一种大大的容器，高高地挂在云下，将涝区的雨水统统集中起来，通过长长的管子远远地输送到旱区。

由人类统一调节世界降雨量，彻底解决旱涝问题，这个希望是美好的。可是，上述发明设想只有创造性思维，却不具有可行性。只有将创造性、科学性和可行性集于一体的希望，才能作为发明创造的目标立题研究。

希望点列举法是开发新产品的有效手段，现在，国内外市场上许多新产品都是靠这种方法问世的。例如，大家希望自行车不用经常打气，有人便以这一希望立题，发明了每隔半年才充一次气的贮气气嘴。

希望点列举法的实施步骤是：

——激发人们的希望；

——收集人们的希望；

——研究人们的希望；

——满足人们的希望。

希望随着实践的需要而产生，同时希望又随着实践的发展而变化。人们的职业不同，见识不同，想象力不同，围绕同一个目标就会提出各种各样的希望。

就钢笔这个目标来讲，职业不同希望也有差异：

（1）木工希望生产出能在各种木料上画线的钢笔；

（2）体育教练希望钢笔能当口哨吹；

（3）美术工作者希望一支钢笔能写几种颜色，并可控制线条的粗细；

（4）医生希望钢笔能测出人体温度和脉搏数，并将数字显示在笔杆上；

（5）学生希望钢笔不用经常灌墨水；

(6) 电工希望钢笔和微型测电笔合二为一;

(7) 财会人员希望有一种会计算能储存数据的钢笔;

(8) 经常使用钢笔画图的人，希望钢笔能以任意回转角书写。

以上这些诱惑人的希望，充满了创造性。这些目标大都具有立题价值，有的已经研制成功。

但是，一个人拥有的希望毕竟有限，为了激励人们对同一目标都能产生希望，便创造了希望点列举法。

希望点列举法可以采用各种不同的列举方式。可以举行智力激励会来列举希望点，会议一般进行 1 ~2 小时，产生 50 ~ 100 个希望点即可结束。会后再分类整理大家提出的希望点，逐个分析每一个希望点所具有的创造性、科学性和可行性成分，把目前可能实现的希望点甄选出来，立题研究，拟订具体的设计或实施方案。

具体操作程序如图 3 -6 所示:

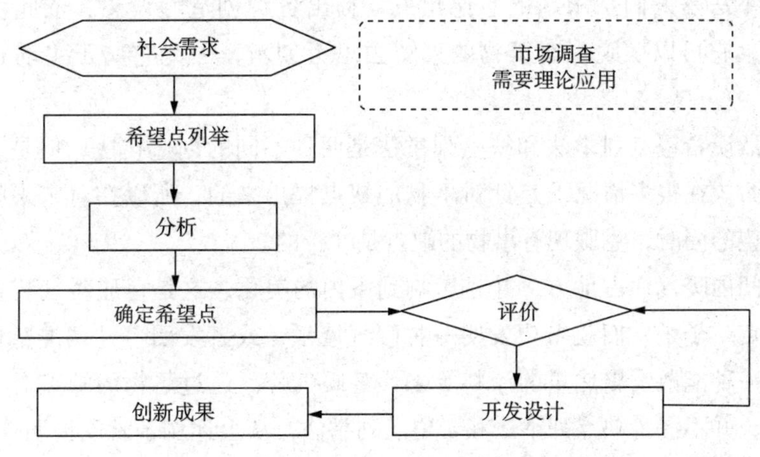

图 3 -6　希望点列举法操作程序

人人皆有希望。但是，要提出创造性强又科学可行的希望，是需要储存多方面的信息，并且要有科学的预判和非凡的才能的。

链式传动自行车诞生于 1884 年，然而，远在 1495 年，意大利著名美术家、自然科学家、工程师、哲学家达·芬奇就希望发明一种依靠人力利用链传动的自行机械，并设计出世界上最早的链式传动自行车的图纸。400 年后，达·芬奇的希望终于实现。

这充分说明希望产生在现实的前面，希望是对现状的冲击，满足现状就没有希望；希望先于现实、来自现实、高于现实，发明创造孕育在希望的“田野”上。创造性、科学性、可行性的发明创造希望，综合反映着一个人的洞察力、审美力、判断力、想象力和创造力，开发人们的希望就是开发人们的创造力。大力开发人们的希望是实现开发新产品、新技术和新方法目标的桥梁，尤其是对日用工业品的开发设计，希望点列举法更具有普遍的意义和积极的作用。

缺点列举法与希望点列举法是两种不同的思想方法，故而不同之处迥异：主要是缺点列举法着眼于现有的事物，围绕现有的事物吹毛求疵，百般挑剔，充分挖掘它的缺陷，提出相应的改进设想，通过改进达到创新。这种方法一般离不开客观事物的原型，所以它属于被动式的选题方法。希望点列举法是人们从求新的意愿出发，提出各种创造性设想，依此发明新的事物，它可以摆脱现有事物的束缚去思考创新，因此它属于主动式选题方法。

虽然说希望点列举法和缺点列举法是两种不同的创造技法，但是，由于人们的希望在很多情况下是针对事物的缺点提出来的，所以在对未来的事物寄予希望的同时，克服现有事物的缺点是并行的。

房间内暖气片占地方，并且影响到室内的美化，这是普通暖气装置的造就性缺点。于是人们就希望发明一种暖气墙纸，或者发明一种调温壁板，或者发明一种能散发出热量的涂料等来代替暖气片。通过事物的缺点对事物产生希望，并不混淆缺点列举法和希望点列举法，从上述例子就能说明这一点，它是通过列举某一事物（如暖气片）的缺点，希望发明另一事物（如暖气墙纸等）。

不论缺点列举法和希望点列举法有何异同之处，从发明创造活动的选题目的、意义和形式上讲，两者是殊途同归，异曲同工。它们不仅可以在发明创造中应用，而且也是进行各种社会调查、制订活动方案、征求群众意见的好方法。

第五节　转用发明法

【课程纲要】

课程目标：让大学生了解转用发明法的定义，介绍转用发明法和相似联系法的关系，掌握相似联系法的分类和实施步骤。

主要内容：原理相似；结构相似；功能相似。

教学安排：由任课老师带领学生进行课堂互动，学会用相似联系法进行发明创造。

转用发明，是指将某一技术领域的现有技术转用到其他技术领域中的发明。

在进行转用发明的创造性判断时通常需要考虑：转用的技术领域的远近、是否存在相应的技术启示、转用的难易程度、是否需要克服技术上的困难、转用所带来的技术效果等。通常我们采用相似联系法进行转用发明创造。

相似联系法，是在广泛自由联想的基础上，按照技术创造提出的要求，寻求与这一要求的差异度最小的事物，并利用该事物应用于发明创造中。相似联系需要对事物进行异中求同、同中求长的分析，以便从尽可能联想到的事物中，寻找各种相似因素，然后在相似点上尽心思索、尽情发挥、尽力设计。

综上，相似联系法就是从甲事物的某一个特征出发，通过联想与其特征相似或者相同的乙事物。在联想的过程中从不同的角度去思索事物间的相同点、相似点，从而产生创造的思维。

根据事物的不同构成和不同属性，相似联系可以有不同的分类方法。例如，从内外部意识形态来分类，可以分为外部形态相似、内容逻辑相似和情感反应相似；从客观结构和表现形式出发，可分为原理相似、性质相似、结构相似、功能相似、声音相似、色彩相似、材料相似、工艺相似、味道相似等。

下面举例介绍相似联系法在实践中的应用。

（一）原理相似

对自然界客观存在着的和人们已经创造出来的事物，可从机理或原理上进行对照分析。不难发现，许多不同类属、不同领域、不同功能甚至不同时代的事物，具有十分相似的原理。这绝不是巧合，任何发明创造都建立在特定的原理上，而带有普遍意义的原理，常常被很多事物所采用，这就必然促使发明创造朝纵向延伸、向横向扩展。

我们以桥梁设计为例，来说明这个道理。

现代桥梁千姿百态，但究其结构受力特点主要有两大类：一类是如南京长江大桥的多支点的跨梁式桥；另一类是如上海杨浦大桥的少支点牵引桥。当然现在国外和我国正在规划设计中的多个跨海大桥则往往是交替使用两种方式的结晶。前者是在继承我国古代拱形桥（见图3－7）的造桥艺术基础上创造的，而后者则是继承了山区峡谷河川上的铁索（或其他材料的牵引索）桥的造桥原理创造的（见图3－8）。

图3－7　古代拱形桥

图3－8　铁索桥

一说到拱形桥，就不能不提我国著名的赵州桥（见图3－9）。赵州桥坐落在河北赵县境内，是隋朝杰出工匠李春设计制造的。赵州桥桥长50米，宽9米多，全部用石料砌成，桥下没有桥墩，只有一个弧形单孔的石拱，凌空横跨在37米的河面上，石拱的两端上面各有两个小石拱，叫“敞肩拱”。拱肩既减轻了桥的自重，又增强了桥的支撑力，同时又可起到泄洪的作用，真是一种富有创意的奇思妙想。赵州桥不愧是世界造桥史上的一大创举，此后许多著名的大桥都继承了这种造桥原理。

1969 年竣工通车的南京长江大桥（见图 3－10），是一座双层铁路、公路两用桥，铁路桥长 6700 多米（江面正桥长 1500 多米），公路桥长 4500 多米，引人注目的是大桥的引桥与地面结合部，是 22 孔双曲拱桥，其构想与赵州桥如出一辙，显然是继承法在此的妙用。

图 3－9　赵州桥

图 3－10　南京长江大桥

上海杨浦大桥采用的斜拉桥使少支点的桥梁拱受力更加合理，逐渐成为目前建造大跨度桥常用的形式（见图 3－11）。

图 3－11　上海杨浦大桥

再从各种门的设计来看，也能发现其原理相似。

门大概是伴随着人类自己构筑居室的同时就创造出来了。门最基本的结构是门板绕着一个固定的门枢转动。几千年过去了，五花八门的门应运而生，但如果仔细观察，几乎所有的门都有门枢：传统门有门枢；宾馆和商场里的旋转式门也有门枢；公共汽车和许多载人的车辆上的车门虽然巧妙地采用了连杆机构，但其摇杆的一端仍然相当于是一个门枢。有人说移动门也是一种常用的门，它可没有门枢啊。这话不对，有机械设计基础知识的人们都知道，常用的平面运动副中，有转动副（低副）、移动副和滚动副等形式。我们习惯地以为转动副是门枢，殊不知移动副也是门枢的一种形式，因为直线位移是一种特殊情况。

图 3 - 12　四翼门

豪华宾馆常见的旋转门，其回转轴在中间，分隔区可分为三翼、四翼门等形式。图 3 - 12 所示的是四翼门的结构。

图 3 - 13　平滑移动门

图 3 - 13 所示为移动轴形式的平滑自动门。

图 3 - 14 所示的折叠门则是回转轴与移动轴相结合的创新设计。

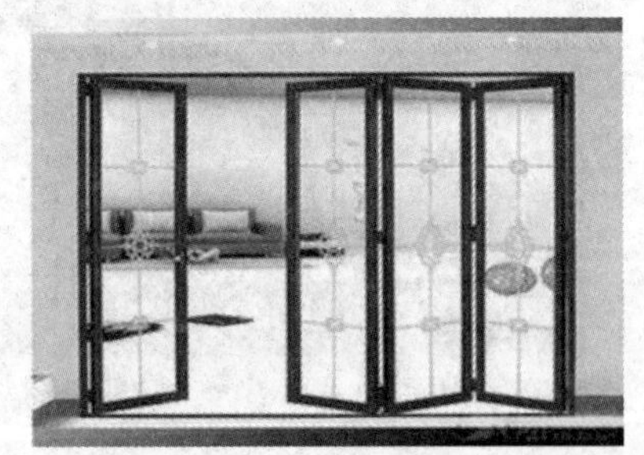

图 3 - 14　折叠门

如果把门枢横置在门上方，门采用柔性构件，则又可创新设计出卷闸门，它常被应用于工厂、仓库等工业建筑中，故又称工业门。

显然，各类新式门都是在传统门的基础上继承和创新的结果。

（二）结构相似

“结构”是一个与“原理”含义不同而又相互关联的概念。原理指的是发明创造所利用的科学理论、自然规律和自然现象，而结构是利用原理达到发明创造目的的具体物质形式。

事物的结构，有的层次叠杂，有的规律重复，有的对称设置，有的奇形怪状，有的十分简单。撇开事物的原理，对大量五花八门的事物进行结构的对比分析，就有可能发现，许多事物虽然原理不同，或者构成结构的物质不同、创造目的不同，但其结构思想和结构形式有不少是相似的。

一般说来，结构的层次越高，结构形式就越复杂，结构设计的难度也越大。只有从结构上对大量事物进行相似联想，储存了丰富多彩的相似结构的信息，才能在结构的构思和设计中，左右逢源，前后取材，上下参考，彼此衔接，从现有事物的相似结构中提炼最优结构，直接用于或者指导发明创造的结构设计。

让我们来看看新型扣件“维可牢尼龙搭扣”（俗称“魔术扣”）的发明吧。

“魔术扣”是瑞士发明家梅斯特拉的杰作。它实际上是两条尼龙带，它们共同扮演苍耳的角色，其中一条涂有涂层，上有类似芒刺的小钩，另外一条的上面则是数千个小环，钩与环能够牢牢地粘在一起。

1948 年的一天，梅斯特拉带着狗穿行于棘草丛中，打猎回来，狗的皮毛上和他的毛呢裤子上粘上了不少苍耳草籽，这使他感到奇怪，用放大镜一观察，发现苍耳草籽上长满了小钩子（见图 3 - 15），那千百个小钩子钩住了狗毛与毛呢的绒面。用力一拉就“刺啦”一声应声而开，但只要一贴近，马上又会钩得跟过去一样牢。

图 3 - 15　苍耳草籽的结构

受此启发，梅斯特拉发明了以一条表面布满细小钩子的尼龙带啮合另一条表面布满细小圈环结构的尼龙带的新型扣件，这就是“魔术扣”（如图3-16所示）。

图3-16　魔术扣

“魔术扣”是一种能轻易扣住又能方便脱开，不锈、轻便，可以水洗的扣件。它的用途极广，在我们的生活中无处不在，包括服饰、室内装潢、医疗及飞机、汽车制造业，甚至太空人也离不开它，在太空失重情况下，太空人的鞋底装上这种搭扣就可以方便行走，物品装上就可方便地固定在飞行器的舱壁上，真是小发明发挥着大作用。这项发明是在1957年完成的，相继在许多国家获得专利权。

再介绍一种新型不锈钢材料的构造。

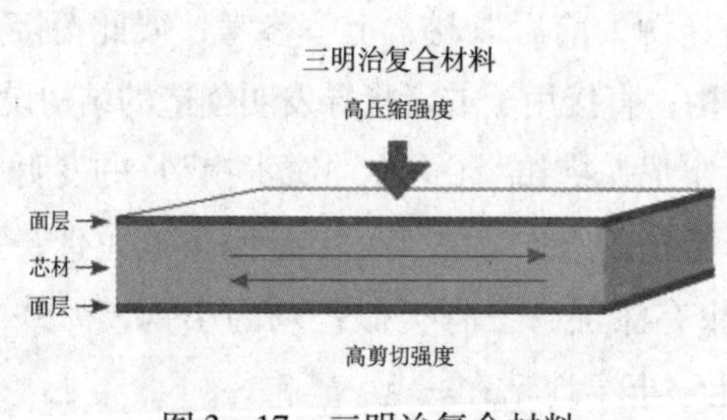

图3-17　三明治复合材料

美国科学家在研究新的不锈钢结构时，受三明治夹心面包的启发，制造出一种夹心结构的不锈钢，称为“三明治”不锈钢。“三明治”不锈钢与三明治面包具有相似的夹心结构（如图3-17所示）。夹心结构，使不锈钢的性能发生了显著的变化，成为一种具有高度热拉伸性的新材料，远比单纯不锈钢的性能优越，具有广泛用途。

（三）功能相似

人们进行发明创造的基本原动力就是实现各种各样满足人们需求的功能。功能是事物的根本属性。事物的功能是各种各样的。如果不是为了实现功能，人们的发明就没有了原动力。同理，人们进行科学研究和发明创造活动，归根结底是认识、发现、创新事物的原理和功能。

一切发明创造课题的产生，都是来自人类的功能欲望。当旧事物的功能满足不了人们需要的时候，就会有一部分“懒惰的人”去开动脑筋思索新的功能，对原有的事物进行改进和创新。运用功能相似法进行创新时，在提出功能并形成课题后，先不急于考虑原理和结构问题，而是功能对功能，即直接寻找具有相似功能的现成事物。

人们在自然界每天都要接触到各种各样的声音，这些声音在我们不需要的时候就变成了噪声，而隔音降噪就是我们的一个功能需求。我们可以从身边的现成事物中寻找灵感，例如：带有隔音功能的电吹风；隔音降噪耳机；录音棚、调音室等隔音降噪建筑；汽车的隔音垫；电话会议室的隔音设施、隔音窗帘、噪声过滤器等。基于这些事物，我们可以从中寻找到哪些能够为我所用，调查了解相似功能的事物，实际上是搜集各方面的隔音原理和隔音结构，掌握新的隔音设计方法和隔音新材料。当积累了丰富的技术资源，充实了创造思想后，再着手研究电动理发推隔音套的原理，选择隔音材料，进行结构设计，就会联想翩翩，举无遗策。

原理相似、结构相似、功能相似，是相似联想创造技法的一些基本内容。应该指出，事物的相似因素往往是多方面的。甲乙两事物的原理相似时，可能结构也相似，或者材料也相似，这就是事物的多元化相似联想。有的发明创造不仅要求某一方面与原型相似，而且其他方面也要求达到相似才行。

第六节　已知产品新用途发明法

【课程纲要】

课程目标：让大学生了解已知产品新用途发明法的定义。

主要内容：已知产品的新用途发明。

教学安排：由任课老师带领学生进行课堂互动，学会用已知产品新用途发明法进行发明创造。

已知产品的新用途发明，是指将已知产品用于新目的的发明。通常已知产品新用途发明的方法是指将某一领域已见成效的发明原理、方法、结构、材料等，部分或全部引进到其他领域；或者在同一领域同一行业中，把某一产品的原理构造、材料、加工工艺和试验研究方法，引用到新的发明创造或创新项目上，从而获得新成果的发明创造方法。

世界上的科学和原理大多数是相通的，人们在某一领域做出的发明创造、思维方法或者解决问题的手段，可能在另一个完全不同的领域，与新环境中的各种因素相互作用，会带来意想不到的效果。

当然已知产品新用途的发明并不是简单地换个应用环境，如果新的用途仅仅是使用了已知的性质，并没有带来新的效果，就根本不能称之为创新。使用该种方法，发明人要勇于跳出原有知识框架，吸收和借用新技术、新方法、新产品。例如：一种已知组合物具备润滑功能，如果只是简单的用在新的领域中作为切削剂，就不是我们这里所说的已知产品的新用途发明。

拉链是 20 世纪最重要、最实用的发明之一，自从问世开始就成为人们生活中不可或缺的一部分。逊德巴克申请的美国专利 US1219881 是拉链的起源，为拉链问世和发展奠定了基础。这样一种简单又经典的结构，现今运用在不同的技术领域，带来很多意想不到的效果。

自行车的内胎破了，更换内胎或修补内胎是比较费事的，很多人都想发明一种既能翻开又能密封的外胎，但从轮胎本行业一直寻求不到可行的结构，最后却在其他技术领域找到了一种可供移植的简单巧妙结构——服装拉链。把这种结构移植到自行车外胎上，制成了装拉锁的外胎，只要将外胎拉锁拉开，即可方便地装上或者修补内胎。

将拉链结构移植到外科手术中，创造了“手术拉链”，代替了传统的针线缝合刀口法。“手术拉链”由一条拉链和两片多层辅助胶布组成。手术完成后，医生只需在手术切口两边的皮肤上贴上胶布，再把拉链拉合起来，让切口合在一起。这拉链可适用于长度 47 厘米以下的伤口，它也曾使用于心脏手术、神经外科及其他医疗程序之后。其应用使病人免去缝针之苦，手术后缝合伤口只需两分钟，比现在快十多倍，而且只要拉一下，十分方便（见

图3-18）。

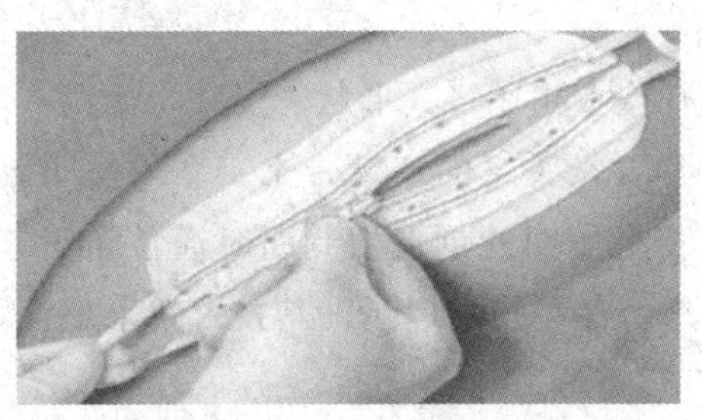

图3-18　手术拉链

在塑料中加入发泡剂，可使塑料布满无数微小的孔洞，这样的泡沫塑料用料省、重量轻，又有良好的隔热和隔音性能。日本一个叫铃木的人，应用上述产品的特点和用途在水泥中加入发泡剂，使水泥变得既轻便又具备隔热、隔音的性能，因而发明了气泡混凝土。

植物可以用来探矿。在铜矿区域的野玫瑰呈现蔚蓝色；三叶矮灌木丛林能够证明土壤中含石膏；金、银矿区往往生长着一种叫忍冬的小丛树，还有向荆、野薤子。运用这些特性可以代替钻探，或者根据这些特征再钻探将更加有效，使钻探更有把握。我国湖北大冶铜绿山上有一种草，凡是生长这种草的地方，土壤里一定含有较多的铜质。矿藏勘探队就是根据铜绿山上的这种草找到了富铜矿。

第七节　要素变更发明法

【课程纲要】

课程目标：让大学生了解要素变更发明法的定义，弄清楚增加中间环节法和减少中间环节法两种方法的关系。

主要内容：增加中间环节法；减少中间环节法。

教学安排：由任课老师带领学生进行课堂互动，学会运用增加中间环节法和减少中间环节法进行发明创造。

要素变更的发明，包括要素关系改变的发明、要素替代的发明和要素省略的发明。

要素变更的发明是指发明与现有技术相比，其形状、尺寸、比例、位置及作用关系等发生了变化。并且这种要素关系的变动带来了新的发明效果、新的用途和新的功能。在进行要素变更发明的创造性判断时通常需要考虑：要素关系的改变、要素替代和省略是否存在技术启示、其技术效果是否可以预料等。

这里介绍两种比较简单却很重要的方法：增加中间环节法和减少中间环节法。这两种相反相成的方法，特别适合于改进事物的功能性缺点、结构性缺点和制造工艺性缺点。

一、增加中间环节法

顾名思义，增加中间环节法即由于事物的缺点是由于缺少某个环节造成的，创造一个环节增加上去，就可以消除事物的缺点。

其步骤是：

（1）按事物缺点的特性，排列列举出来缺点；

（2）看看哪些缺点是因为缺少中间环节造成的；

（3）仔细分析一下缺少的是什么环节；

（4）怎样创造设计个环节补上去。

例如，在两块玻璃之间加入某些材料可以制成一种防震、防碎、防弹、加热的新型玻璃；在牙膏中加入某些颗粒，可以使牙膏具有更好的清洁效果。

二、减少中间环节法

本法创新事物的思路同增加中间环节法恰恰相反，即事物的缺点是由于事物的某环节无效、微效，或者已经失去原来的有效作用和积极意义，变为可有可无甚至是不利的多余因素而造成的。只要减少这类环节，或者在减少环节后重新调整和组合事物的其他因素，就可以消除事物的缺点。

其具体步骤是：

(1) 按事物缺点的特性，排列列举出来缺点；

(2) 看看哪些缺点是因为多余环节造成的；

(3) 仔细分析一下多余的是个什么环节；

(4) 去掉此环节或者减少此环节会不会影响其他因素，如何来处理。

在机械零件的加工过程中，有一些环节是可以减少或者合并的，很多技术创新就是由于简化了产品的制造工序，从而提高了加工的效率。

这里介绍一个减少中间环节而获得重大发明的典型。英国的特里维雪克和史蒂文森都是蒸汽机车的创始人，特里维雪克制造的蒸汽机车的车轮实际上是齿轮，齿轮啮合着铁轨上的齿条行进，不断发出“嘎吱、嘎吱”的响声，其间经常夹入东西，因此速度很慢。

史蒂文森当时是一名机车司炉工，他总想改变这种状况，却无从做起。根据当时专家们的解释：车轮必须有齿，没有齿，机车就会打滑或脱轨。史蒂文森相信专家们的意见，试来试去仍然不能提高车速。去掉齿圈真的不行吗？一天，他横下心来大胆一试，奇迹出现了，机车不仅没有打滑，而且疾速驶去，车速一下提高 5 倍以上，行驶中也没脱轨。他喜出望外，把这项发明申请为专利。

有齿轮就是在错误思想的指导下，造成的一个多余环节。寻找事物的多余环节，要像史蒂文森那样，敢于质疑，善于质疑，一旦认准多余环节，去掉之后大胆试验。正如巴甫洛夫所说的那样：“怀疑是发现问题的钥匙，是探索的动力，是创新的前提。”

随着人类科学技术的进步，事物的许多中间环节将趋于局部落后状况，而最终将转化为多余环节。现在看来没有多余环节的事物，以后也许会出现“局部不适”。

立体电影问世初期，人们戴着偏光眼镜看电影，并不觉得戴这个眼镜是多余的，后来发明了一种特制的光栅银幕，可以直接产生立体效果，不用观众再戴专用眼镜了。相比之下，当人们再看普通立体电影时，就会感到戴偏光眼镜是个累赘，应该去掉这个中间环节。由于光栅银幕制造困难，价格昂贵，未能得到推广。但是，随着全息摄影技术和激光技术的发展，裸眼观看立体电影可能已为期不远了。

目前人们要看高清电视，买了电视机之后，还要到广电管理部门再买一个机顶盒，既占地方，又不美观。

现在，市场上推出了“电视一体机”，就是把机顶盒从外接变成了内置。内置机顶盒在获得授权后，在电视机上插入一张数字电视卡就可以方便地收看节目了。

事物的多余环节随着人们对客观事物认识的深入而被发觉，随着科学技术的发展而被揭示。因此，我们应该不断地用新观念、新知识、新技术分析事物的各个环节，科学预测哪些环节在近期、中期、远期将失去作用而成为多余环节，以便我们及早研究由此而来的种种问题。

总之，人类的希望、社会的需要、事物的特性和缺陷都在不停地变化，构成了发明创造、技术创新的不尽源泉，创造者只有在这种变化里才能发现自己应该做什么。

第八节　发明创造技法的训练

【课程纲要】

课程目标：让大学生在掌握发明创造技法的基础上进行实践训练；首先选定课题，然后在“写”“说”“画”“做”四个方面进行训练。

主要内容：“创新改变发明”记录卡；发明/创意登记表。

教学安排：由任课老师带领大家选定训练的课题，给学生布置作业。填写登记表，指导老师给予评语。

前面介绍了几种常用发明创造技法。多种发明创造技法有相同之处，然而又有不同的切入点。这些技法来源于实践，是长时间实践中的经验总结，因此这些发明创造技法是具有科学性的。人们掌握了这些技法，细观察、多动脑，就能产生发明的灵感。下一步的重点是要把这些灵感和创意“落实在行动上”，要通过“写”“说”“画”“做”表达出来，所以必须进行全方位的认真训练。

那么，发明创造技法的训练应该从哪里开始呢?

一、训练课题的选定

发明创造无处不在，人人可为。发明也并不神秘，就在我们每个人的身边，发明与我们的日常生活有关、与学习工作有关、与社会和大环境有关。

1. 留意观察身边的事物，及时捕捉创新的火花

在平日的生活中，找出一些日常用品、生活用具存在的问题和缺陷。采用“换”“改”“并”“替代”等办法，就能设计出具有新特色的用品、用具。

2. 从生活和学习的需求中，找出发明创造的灵感

“需求是发明之动力”。希望每一项发明创造速度更快、效率更高、方法更简便、价格更便宜、产品更精密、成本更低廉、使用更耐久、工艺更合理、材料更新、体积更小、外形更美、容量更大、功能更全、适用面更广、操作更灵活等等。可以这样说：一个“更”字，半个发明。

3. 关注科学技术的发展，从当前经济发展的热点问题中去寻找课题

大学生学好本专业的知识，同时关注所学专业以及相关行业的技术发展，关注社会经济发展的热点和难点，例如节能、新能源、交通运输、通信、信息、材料和环境等，从中找出发明的课题。

二、“写”“说”“画”“做”训练

如果一名厨师只是熟背了菜谱，却没有下厨房，挥动锅铲亲自炒菜，那他永远不可能成为一个合格的厨师。同样的道理，如果只是把发明技法背熟了而不去训练和实践，那么他也不可能做出发明。

创新的想法不能只放在头脑中，而要用各种形式将其表达、展示出来，再做进一步的检验。

（一）“写”训练

“写”训练包括记录和撰写两个方面：

1. 记录

要求同学们每天都在开动脑筋，发挥创新思维，然后将这些奇思妙想及时记录下来。

例如，我们对图 3－19 所示的书架做出大的改进和创新。希望能够做到：原来不方便的变方便了，原来不实用的变实用了，原来复杂的变简单了，原来不安全的变安全了，原先没有的功能现在有了。

图 3－19　书架立体图

对一物品做出了开创和改进，就是发明创新。改变物品的某一属性就成了发明创造的轻松途径。“创新改变发明”就是通过改变物品的重量、长度、大小、形状、材料、结构、内容、原理、成分等因素，以此达到产生新功能、新作用的目的。

每周填写 1 张卡（见表 3－1）。填写完毕，进行总结。

2. 撰写

从数个发明创意中选择出一个，继续深入研究，撰写“发明/创意记录表”（见表 3－2）。

使用“发明/创意记录表”需要强调几点：

（1）所有的项目必须做到真实、客观；

（2）记录的内容要写得清楚、准确。写出的文字、画出的图片，要让他人看得明白；

（3）将“发明/创意记录表”交给教师批改，听取指导意见。

表 3－1 "创新改变发明"记录卡

日　期	现物品的名称	本来的功能作用	改　变 的因素	新的物品名称	新功能/特色/优点
周一					
周二					
周三					
周四					
周五					
周六					
周日					
【本周总结】					

表3-2　发明/创意记录表

姓名		性别		年龄		专业	
学校			班级				
手机			邮箱				

请如实填写以上个人信息

发明/创意名称	*能体现主要特征和功能的名字——*
发明/创意用途	*想解决什么问题，实现了什么功能，产生什么好的效果——*
发明/创意过程	*原先存在的缺陷，受到哪些启发，采取何种发明技法，采用的技术方案——*

<table>
<tr><td>发明/创意
附图</td><td>此处画出设计简图（也可将产品的结构图或模型实物照片粘贴此处），并做出简要说明——</td></tr>
<tr><td colspan="2">发明/创意人

签名：　　　　年　月　日</td></tr>
<tr><td colspan="2">以下由指导教师填写</td></tr>
<tr><td colspan="2">评语：

签名＿＿＿＿＿　　年　月　日</td></tr>
</table>

我们可以把“发明/创意记录表”看成是“技术交底书”的简化版。“技术交底书的撰写”在第五章第三节有专门叙述，此处只是为下一步撰写技术交底书做一个铺垫和基础训练。希望读者在这个训练中，认真对待、狠下功夫，为今后顺利撰写技术交底书打下基础。

在撰写方面，也需要强化训练。例如某些发明创新有深入探讨的价值，可以将此撰写成论文。

科技论文的写作训练内容较多，不在本书中介绍，请参阅《大学生科研训练教程》（该书已由合肥工业大学出版社出版）。

（二）“说”训练

大学生从事发明创新，有时候也需要说出来。指导老师在这方面要给予积极引导。

1. 发言

准备发言的过程是一个完善的过程。经过深思熟虑，我们可以将一个模糊、肤浅、不太成熟的发明创意，变得清晰、深入、初具雏形。

让所有同学逐一发言陈述。指导教师给予点评，让大家拓展思路。

2. 讨论

集体讨论是一种好的学习方式，能够形成良好的学习氛围，能够促使整个班级或者兴趣小组整体水平的提高；也容易激发参与者学习的兴趣，提高大学生学习的积极性。这样做的好处是：各抒己见、取长补短，用头脑风暴法激发所有参加讨论者的发明创造的灵感。

通过讨论会这种学习方式，发挥众人的智慧，探讨出更多、更好的方案，所得出的结论更有条理，并使所讨论的问题具有一定的深度和广度。通过激烈的讨论能够巩固知识，使所讨论的内容留下深刻记忆。

由指导教师组建若干个兴趣小组，就某一个话题进行讨论。例如，剖析一个物品的讨论，题目是：“剖析——组合螺丝刀”（自行车车把、电视机遥控器、开关插座等等）。

首先是个人发言。每一名同学都要对组合螺丝刀做出一个初步分析判断，讲述自己的观点：它有哪些优点，可以“推广”“移植”吗？它存在哪些不足，还能有改进和提高吗?

接下来是集体讨论，彼此启发、共同完善。

(三)“画”训练

把发明创新的构想画出来，这是发明人需要掌握的技能。提供附图，也是发明创造的必要步骤，因此要认真训练。平时，有了创意想法时，要及时记下来、画下来。在附图上用简短文字注解，更加直观、明了。

有一些物品单单用语言文字不能准确表达，至少是不容易让他人清楚明白，如果能够画出来，这个物品的形状、结构、连接位置等，基本上能做到“一目了然”。

掌握一些绘图知识，一般的创意都能用视图表达。常用的视图包括主视图、俯视图、侧视图、剖面图和立体图等。如图 3－20、图 3－21 所示。

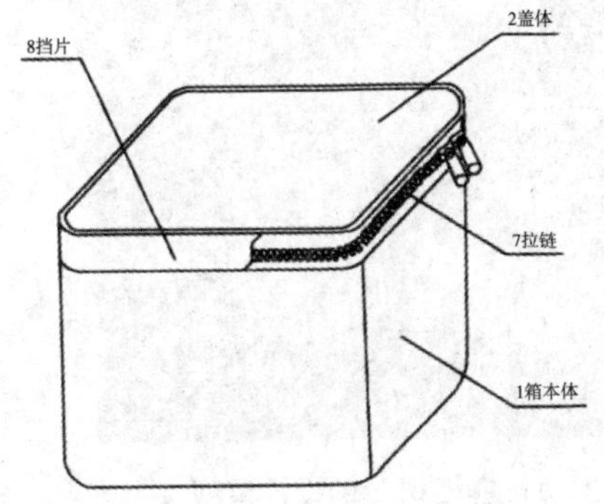

图 3－20　某冷藏箱立体图

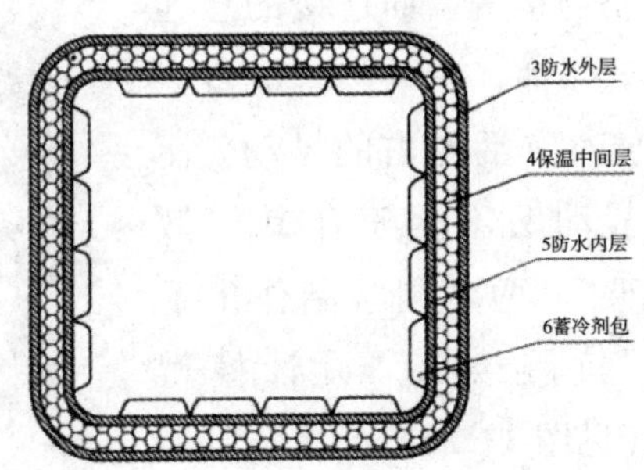

图 3－21　某冷藏箱俯视剖视图

有些大学生掌握了 CAD 绘图软件等，可以在计算机上面制图。

(四)“做”训练

动手能力培养是大学生创造力培养的重要组成部分。模型制作不仅可以将发明创造的“奇思妙想”变成现实，也可以进一步激发大学生的发明兴趣，培养创新实践的能力。

模型制作是把二维的平面图形转化为立体空间的过程；就是将设计的产

品，按适当比例缩小，选择合适的材料，模仿生产的步骤，将其制作完成。模型制作具有直观、准确的特点，通过模型的制作，我们可以对设计方案进行反复的推敲和修改，从而使得该方案更加完美。模型也是发明创新者向其他人展示自己创意的重要手段，产品的模型可以让广大消费者和客户直观了解产品的外观、结构、性能等方面的情况。

模型制作前要有加工图纸，要准备所用的材料和制作工具。模型制作是一项以提高大学生综合实践能力为目的的学习实践活动，能够促进大学生深入学习各种理论知识，探讨专业技能在产品生产中的运用，提高动手能力和综合实践水平。

《人民日报》海外版2014年5月9日发表了一篇文章："发明抗震楼梯 大学生获专利"。文中说：扬州大学建筑工程学院的一项大学生研究成果——"抗震楼梯"日前获得国家专利。"抗震楼梯"是不与楼房墙面连接的悬挂式楼梯，在地震时最多会产生前后左右的晃动，而晃动又不至于让其"散架"。两名同学制作出了"抗震楼梯"设计模型(见图3-22)。

图3-22 "抗震楼梯"的设计模型

在这里需要说明的是：申请专利只需提交规范的专利申请文件，是不需要提供样品、模型或产品的。只是在某些特殊情况下，专利审查员为便于理解发明创造，可能会让申请人提交样品或模型，这些则属于专利申请中的特例。

第四章

专利基础知识

习　题

【思考题】

1. 什么是专利权？专利权有哪些特点？
2. 专利分成几类？它们有哪些异同？
3. 专利申请的初步审查包括哪些内容？
4. 什么是发明人和设计人？谁是专利申请人、专利权人？
5. 职务发明创造与非职务发明创造，如何来区分？
6. 发明专利与实用新型专利所保护的客体有什么不同？
7. 外观设计专利的客体是什么？
8. 哪些发明创造不能授予专利权？为什么？
9. 发明和实用新型专利申请授权要具备哪三个实质性条件？
10. 我国专利申请应遵循哪些原则？
11. 如何运用专利权？怎样保护专利权？

【实训题】

1. 分组讨论题目："大学生掌握专利知识，很有必要"
2. 谈谈自己对于维护知识产权的认识。

第一节　概　述

【课程纲要】

课程目标：通过本课程的学习，大学生能够了解专利的概念、特点、种类、审查制度，以及审查制度的作用。

主要内容：专利；专利分类；专利的特点；专利审查程序。

教学安排：由任课老师确定课程类型及课时。

一、有关概念

首先要弄明白的是“专利”和“专利权”。专利权与知识产权有联系更有区别，具有自己的特点。

“专利”从字面上讲，是指专有的利益和权利。专利一词来源于拉丁语，原先的意思是公开的信件或公共文献。

一般人常常把“专利”和“专利申请”两个概念混淆使用。比如有些人在其专利申请尚未授权的时候就声称自己有专利。其实，专利申请在获得授权前，只能称为专利申请；只有最终能获得授权的，才可以称为专利。可以很明显看出，这两个概念所代表的意思有很大不同。

专利一词有三种含义：

一是指专利权，即国家授予的对某项发明创造的独占支配权。2013 年 12 月 26 日，安徽网以“宿州两兄弟同上安徽理工大学，3 年获得 23 项国家专利”为题进行了报道。这是说这两名大学生对这 23 项发明创造享有专利权。

二是指专利技术，是受国家认可并在公开的基础上进行法律保护的专有技术。假如说“这台榨汁机有 10 项专利”，实际上是说这台榨汁机应用了 10 项获得专利权的技术。

三是指专利文献，即专利局颁发专利证书或专利文献等文件。有人说“查专利”就是要检索或查阅专利文献等。

所谓专利权，是指一项发明创造，经申请人向代表国家的专利主管机关提出专利申请，经审查合格后，由该主管机关向专利申请人授予的在规定时间内对该项发明创造享有的专有权。简而言之，专利权是发明创造的合法所有人依法对其发明创造所享有的独占权。

二、专利权的特点

一般而言，专利权具有以下五个特点：

（一）专有性——专利权专属专利权人所有

专利权具有专有性，也称独占性、排他性或垄断性，也就是说，专利权专属于专利权人所有。《专利法》第十一条规定：发明和实用新型专利权被授予后，除本法另有规定的以外，任何单位或者个人未经专利权人许可，都不得实施其专利，即不得为生产经营目的制造、使用、许诺销售、销售、进口其专利产品，或者使用其专利方法以及使用、许诺销售、销售、进口依照该专利方法直接获得的产品。

这就是说，专利权人对其权利的客体即发明创造享有占有、使用、收益和处分的权利。未经专利权人许可，其他任何人不得以生产经营目的实施该项专利，否则就构成法律上的侵权行为。

（二）公开性——专利权的客体是向社会公开的

《专利法》第二十六条指出：“申请发明或者实用新型专利的，应当提交请求书、说明书及其摘要和权利要求书等文件。请求书应当写明发明或者实用新型的名称，发明人的姓名，申请人姓名或者名称、地址，以及其他事项。说明书应当对发明或者实用新型作出清楚、完整的说明，以所属技术领域的技术人员能够实现为准；必要的时候，应当有附图。摘要应当简要说明发明或者实用新型的技术要点。权利要求书应当以说明书为依据，清楚、简要地限定要求专利保护的范围。”

发明创造必须通过专利说明书做到“清楚”“完整”和“能够实现”，这三条是其要达到公开明示的范围和程度。如果说明书公开不充分就不能授予专利权。所谓的“用公开换保护”，就是说只有达到了充分公开的要求，才能获得专利权，得到相应的保护。

有人认为专利是“保密技术”，这是一种误解；相反，专利恰恰是通过专利文献将技术特征公之于众。已经被授予专利权的专利技术，任何人都可以从国家知识产权局的网站，通过专利检索的手段查找并下载专利说明书和权利要求书等申请文件。专利是一种公开的技术。向社会公开发明创造的内容，是申请人取得专利权所必须付出的代价。

换言之，处于保密状态下的技术是不受专利法保护的。各种技术秘密，只能依靠商业秘密保护制度进行保护。

（三）时间性——专利权具有一定的时间限制

专利权并不是一种永恒的权利，专利权只在专利法规定的期限内有效。专利权的期限，各国专利法都有明确的规定。我国《专利法》第四十二条规定：发明专利权的期限为二十年；实用新型专利权和外观设计专利权的期限为十年，均自申请日起计算。

专利权的时间性是指专利权在规定的期限内有效。一旦法定期限届满，权利灭失，专利权人对其发明创造不再享有制造、使用、销售、许诺销售和进口的专有权。该技术进入公有领域，成为社会公共财富，任何单位或者个人都可以无偿使用。

有人利用专利权“时间性”的这个特征，将已经失效的专利加以利用，因为许多失效的专利仍然存在着技术价值，还能产生出经济效益。

（四）地域性——专利权在批准的国家或地区内有效

地域性就是对专利权在空间上的限制，即专利权只能在授权的地域范围内有效，完全是独立的，对授权之外的国家或地区不发生法律效力。即专利权无“域外效力”。

专利权由各国或地区的政府主管机关依据法律授予，如果专利权人希望在其他国家或地区获得专利保护，就需要按照该国或地区的法律另行提出申请并获得授权。

大学生可以通过专利文献的检索，关注“域外专利”。借此了解已有的科学技术，或者通过模仿进行创新，这是一种节约时间、降低成本，提高技术创新能力的途径。

（五）法定授予性——专利权不是由做出发明创造的人自然拥有的

专利权的法定授予性，是说专利权是国家依法授予的权利。专利权必须经过申请，然后由国家专利行政管理机关（国家知识产权局）依照法律规定进行审查后决定授予或者不授予。

是否申请专利是关键环节。申请不申请是自己的事；申请之后的授予与否是要经过一套严格的审查、批准程序的。与其他国家一样，我国对专利申请的受理和审查以及专利权的授予统一集中进行。

三、专利的种类

《专利法》将我国的专利分成三类。第二条明确指出：“本法所称的发明创造是指发明、实用新型和外观设计。发明，是指对产品、方法或者其改进所提出的新的技术方案。实用新型，是指对产品的形状、构造或者其结合所提出的适于实用的新的技术方案。外观设计，是指对产品的形状、图案或者其结合以及色彩与形状、图案的结合所作出的富有美感并适于工业应用的新设计。”

三种专利证书的样本如图 4 - 1 所示。

图 4 - 1　三种专利证书的样本

下面，将发明和实用新型做一个简单比较：

发明专利是指技术含量高，花费创造性劳动多的新产品及其制造方法、使用方法。也就是说发明可以是产品，也可以是方法；但是必须是有较大创新性的产品或方法。发明专利的审查制度较为严格，审查期限长，因此授权慢；其保护时间较长（自申请日起 20 年）。

实用新型专利是指对产品形状、构造的技术改造。需要强调的是，实用新型专利不保护方法。一般来说，实用新型其技术含量没有发明专利高，因其实用性较强，常常称为“小发明”。实用新型审查程序比发明的审查程序简单，只需进行形式审查，故而授权快；其保护时间比发明的保护时间短（自申请日起 10 年）。

这几年，专利申请结构显著优化。数据显示，2014 年受理的专利申请中，发明、实用新型和外观设计专利占比分别为 39. 3%、36. 8% 和 23. 9%，较 2013 年 34. 7%、37. 5% 和 27. 8% 的占比，结构发生明显变化，发明专利占比超过实用新型专利，位居三种专利之首。

专利创造的重心继续向技术水平较高的发明专利倾斜，这表明我国创新水平不断提升，发明专利引领创新发展的“龙头”作用更加突出。

四、专利审查制度

专利审查制度是构建专利体系的重要组成部分，我国专利审查制度在《专利法》《专利法实施细则》中有明确规定。

世界上各个国家和地区，均建立了专利审查制度。尽管有所差异，但是在专利的申请、受理、审查和授权等方面，有一些基本原则还是一致的或相通的。

（一）先申请制与先发明制

前面说到专利权具有五大特点时，首先指出专利权具有专有性。因此，在同一地域内就不能对于同样的发明创造再授予专利权，要不然，这些重复授予的专利权之间就会出现权益的冲突。所以，各国的专利法均执行“禁止重复授权”原则或者是“一发明一专利”原则。

实践中会出现这样一个问题：假如有两个以上的申请人分别就同样的发明创造申请专利，并且各自的申请又都符合专利法的要求，这种情况专利权应当授予谁呢？世界各国对于这一问题有两种不同的处理原则——先申请制、先发明制。

1. 先申请制

先申请制也称优先申请原则，是指两个或两个以上发明人就同一内容分别提出专利申请时，将专利权授予先提出申请的人。这种做法的好处是，可以促使申请人在完成发明后尽早提出专利申请，将有利于发明创造尽早公开，从而避免重复研究，有利于节约社会资源。这种做法的缺点是，可能会导致由于申请人急于提出专利申请，使发明创造还处在不成熟、不完善的阶段就公之于众。这样既不利于方案的完善，同时也可能对申请人本应获得的权益带来损害。

2. 先发明制

先发明制也称先发明原则，是指同样的发明创造的专利权授予先做出发明创造的人。优点是有利于发明人进一步完善发明创造，而不必急于提出申请。缺点是发明人极有可能将其发明创造长时间置于保密状态，这样做不利于发明创造的尽早公开和传播。

基于效率与公平的综合考量，我国与大多数国家一样采用先申请制。我国《专利法》第九条规定："同样的发明创造只能授予一项专利权。""两个以上的申请人分别就同样的发明创造申请专利的，专利权授予最先申请的人。"

大学生申请专利时需要把握时机。可以考虑在创新实践活动取得一些进展时或者有了一个好的创意构思之后，尽早着手撰写专利申请文件并尽快进行申请，抓住时机以免落在有着同样的发明创造的他人之后，丧失机会。

大家还要注意发表论文和申请专利的顺序问题。应当优先考虑申请专利，在获得申请日和申请号后，再着手进行论文的发表。过早发表论文的弊端是，极有可能会影响到专利申请的新颖性和创造性，这样的专利申请将不能授权。同时，论文公开出来的内容有时候可能会被有心人"利用"，假如他人捷足先登申请了专利，按照"禁止重复授权"原则，你在后面的专利申请将不会被授权，心血白费。

（二）初步审查制和实质审查制

我国执行这两种制度，审查的重点不同：

1. 初步审查制

初步审查制是指专利局只对申请文件是否完备、填写方式是否符合要求、申请费用是否缴纳、申请中是否有明显的实质性的缺陷等进行审查；如果没有发现驳回理由的，就会授予专利权。

其具体审查内容通常包括：审查申请文件是否完整，格式是否符合规定；审查所申请专利的发明创造的内容是否符合专利法规定的保护范围；审查所申请专利的发明创造的内容是否符合单一性的要求；审查是否缴纳了申请费。申请只要符合这些形式上的要求便可获得专利。

2. 实质审查制

实质审查制是指专利局不仅要对专利申请进行形式上的审查，而且要对申请专利的技术是否符合专利法规定的授权条件（要满足新颖性、创造性、实用性）进行审查，经实质审查合格后才会授予专利权。实质审查制中又分为即时审查制和延迟审查制两种，我国采用了后者。

按照这种制度，申请人向专利局提交专利申请后，专利局首先进行初步审查而不立即进行实质审查。符合形式要求的即在自申请日 18 个月后予以公布（即为“早期公开”）。申请人按规定的时间（通常是自申请日起 3 年内）提出实质审查后，专利局才进行实质审查（即为“延迟审查”）。申请人没有在法定期限内提出实质审查请求的，则被视为自动撤回申请。

这种审查制的优点是：第一，能够使申请专利的技术尽早公开，有利于专利信息传播和交流，避免重复研究；第二，也给申请人充分时间来考虑是否继续申请和什么时候提出实质审查的请求。申请人根据具体情况放弃实质审查请求的，从申请人来讲避免了被驳回，节约了审查费用；从专利局来讲减轻了审批机构的工作量，一举两得。

五、专利制度的作用

专利制度促进了技术进步，推动了国家经济建设的发展。专利三百多年的发展历史和大量的事实，能够充分说明这一点。

专利制度的作用，主要表现在以下几个方面：

一是有效地保护发明创造，发明人将其发明申请专利，专利局依法将发明创造向社会公开，授予专利权人一定期限的独占权，把发明创造作为一种财产权予以法律保护。

二是可以鼓励发明创造，充分发挥全民族的聪明才智，促进国家科学技术的迅速发展。

三是通过充分公开发明创造、广泛迅速地传播专利信息，有利于发明创造的推广应用，促进先进的科学技术尽快地转化为现实生产力，推动国民经济的发展。

四是促进发明技术向全社会的公开与传播，避免对相同技术的重复研究开发，从而促进国家科学技术进步和经济发展。

第二节 专利权的主体

【课程纲要】

课程目标：通过学习本课程，大学生能够了解专利权的主体，并能够弄清楚发明人、设计人、专利申请人、专利权人和专利权受让人的含义。

主要内容：发明人、设计人、专利申请人；职务发明和非职务发明。

教学安排：由任课老师确定课程类型及课时。

狭义的专利权的主体是指专利获得批准后，依法享有专利权并承担相应义务的人。广义的专利权主体还包括完成发明创造的人以及专利申请人。从下面的论述可以看出，不同的主体有着不同的资格条件，当然也有着相应的权利和义务。

一、发明人和设计人

按照专利的分类，完成发明、实用新型的人称为发明人，完成外观设计的人称为设计人。

一项发明创造往往需要多人的共同努力和参与，大家都有大小不等的贡献，但是在谁是发明人或者设计人的问题上面，还是必须予以明确的。《专利法实施细则》对发明人、设计人做出了明确规定："专利法所称发明人或者设计人，是指对发明创造的实质性特点作出创造性贡献的人。在完成发明创造过程中，只负责组织工作的人、为物质技术条件的利用提供方便的人或者从事其他辅助工作的人，不是发明人或者设计人。"

发明或设计都是要由人来完成的，法律的规定体现了"以人为本"。

1. 发明人或设计人只能是自然人，而不能是法人、单位、组织或课题组。只要是符合法律规定的自然人的条件，就可以成为发明人或设计人，都会受到专利法的保护。

2. 发明人或设计人是对发明创造的实质性特点作出创造性贡献的人，是直接参与发明创造活动的人。至于哪些人不能“搭车”成为发明人或者设计人的，《专利法实施细则》第十三条说得很清楚、很详细。

3. 发明人或设计人有署名权，《专利法》第十七条明确指出：“发明人或者设计人有权在专利文件中写明自己是发明人或者设计人。”无论是职务发明还是非职务发明，署名是他们的权利。署名应当使用真实姓名，不能使用笔名或假名。同时，发明人或设计人也可以请求专利局不公布其姓名。

4. 虽然在职务发明创造中，发明人或设计人并不能拥有专利申请权以及专利权，但是，发明人或者设计人在发明创造中的智力劳动成果必须得到体现。职务发明创造的发明人或设计人有获得奖酬的权利，《专利法》第十六条规定：“被授予专利权的单位应当对职务发明创造的发明人或者设计人给予奖励；发明创造专利实施后，根据其推广应用的范围和取得的经济效益，对发明人或者设计人给予合理的报酬。”

《专利法实施细则》的第六章“对职务发明创造的发明人或者设计人的奖励和报酬”做出了明确规定，指出：被授予专利权的单位可以与发明人、设计人约定或者在其依法制定的规章制度中规定专利法第十六条规定的奖励、报酬的方式和数额。企业、事业单位给予发明人或者设计人的奖励、报酬，按照国家有关财务、会计制度的规定进行处理。需要指出的是，职务发明奖励报酬的规定普遍适用于各类型的单位，并不因其所有制不同而不同；也不因发明人或者设计人的身份不同而不同。

《专利法实施细则》第七十七条、第七十八条对职务发明创造的奖酬作出了约定优先的规定。被授予专利权的单位可以与发明人、设计人约定奖励和报酬，或者也可以在其依法制定的规章制度中规定奖励和报酬的方式和数额。对于单位和职工没有约定或者规章制度中没有相关规定的情况，《专利法实施细则》也详细规定了职务发明创造给予奖励和报酬的最低标准。

二、职务发明创造和非职务发明创造

一项发明创造完成后，要向国家知识产权局提出专利申请，审查合格方能授权。首先要明确的是，谁有权提出申请或者说谁具有申请专利的权利。对于申请专利的权利以及相应的专利权归属问题，《专利法》《专利法实施细则》做出了具体的规定。

（一）职务发明创造

《专利法》第六条指出："执行本单位的任务或者主要是利用本单位的物质技术条件所完成的发明创造为职务发明创造。"

这里所称的"本单位"，包括不同的所有制类型以及各种性质的单位；从劳动关系上讲，不仅包括固定工作单位，而且"包括临时工作单位"。

所谓的"执行本单位的任务"，《专利法实施细则》将其归纳为三种情况：（一）在本职工作中作出的发明创造；（二）履行本单位交付的本职工作之外的任务所作出的发明创造；（三）退休、调离原单位后或者劳动、人事关系终止后 1 年内作出的，与其在原单位承担的本职工作或者原单位分配的任务有关的发明创造。

所谓的"本单位的物质技术条件"，《专利法实施细则》明示："是指本单位的资金、设备、零部件、原材料或者不对外公开的技术资料等。"实践中也有这种情况，发明人或设计人仅仅是少量利用了本单位的物质技术条件，并且这种物质条件的利用对发明创造的完成是无关紧要的；或者发明人、设计人从单位获得了一些资料，然而这些是属于对外公开的、非保密技术资料，此时则不能一概而论地认定为是职务发明创造。

另外，《专利法》还指出："利用本单位的物质技术条件所完成的发明创造，单位与发明人或者设计人订有合同，对申请专利的权利和专利权的归属作出约定的，从其约定。"这样规定的目的，是鼓励员工积极参与发明创新，可以使得本单位的人力、物力得到充分的利用。通过约定确定归属以及各自的权益，可以避免矛盾、减少纠纷，有利于让单位和个人各有所获。

对于职务发明创造申请专利的权利及专利权的归属，《专利法》做出明确规定："职务发明创造申请专利的权利属于该单位；申请被批准后，该单位为专利权人。"尽管职务发明创造申请专利的权利属于该单位，但其发明人或设计人仍然享有署名权和获得奖金、报酬的权利，即发明人和设计人有权在专利申请文件及有关专利文献中写明自己是发明人或设计人。同时，被授予专利权的单位应当按《专利法实施细则》的规定，向职务发明创造的发明人或者设计人发奖金；在发明创造专利实施后，单位应根据其推广应用的范围和取得的经济效益，对发明人或者设计人给予合理的报酬。

（二）非职务发明创造

《专利法》第六条第二款指出："非职务发明创造，申请专利的权利属于发明人或者设计人；申请被批准后，该发明人或者设计人为专利权人。"

然而《专利法》并没有正面规定非职务发明创造的定义。从逻辑上说，只要不属于法律规定的职务发明创造，就应当是非职务发明创造（见图4-2）。因此，对非职务发明创造的判断，其核心是两个方面：一是并非"执行本单位的任务"；二是该发明创造不是"主要是利用本单位的物质技术条件所完成的"。同时排除掉了这两点，那就当然属于非职务发明创造。

关于非职务发明创造申请专利的权利及专利权的归属，根据《专利法》的规定，"非职务发明创造申请专利的权利属于发明人或者设计人；申请被批准后，该发明人或者设计人为专利权人"。"对发明人或者设计人的非职务发明创造申请专利，任何单位或者个人不得压制"。

图4-2　发明人的困惑

如果一项非职务发明创造是由两个或两个以上的发明人、设计人共同完成的，则完成发明创造的人称为共同发明人或共同设计人。共同发明创造的专利申请权和取得的专利权归全体共有人共同所有。

由于申请专利的权利可以转让，因此，实际申请人并不一定是发明人或者设计人本人，而可能是权利的合法受让人。

三、合作或者委托完成的发明创造

实践中常常见到，一项发明创造需要两个以上单位或者多人合作来完成；还有的发明创造，需要委托其他单位或者个人来完成。《专利法》没有对合作关系和委托关系的明确区分。一般理解为，如果各方均派人参与开发，则为合作关系；如果一方只出资而由另一方根据其要求派人进行开发，则为委托关系。

无论是合作完成还是委托完成的发明创造，对于申请专利的权利及专利权的归属，《专利法》第八条做出了一致的规定："除另有协议的以外，申请专利的权利属于完成或者共同完成的单位或者个人；申请被批准后，申请的单位或者个人为专利权人。"

无论是有多方或多人合作完成的发明创造还是委托他人完成的发明创造，其专利申请权及专利权应当按照约定优先的原则，根据双方的约定加以确定。在没有约定的情况下，则应依照该发明创造是由谁实际完成的这一事实来加以认定，而不是以双方事先商定的合作关系或者委托关系来认定。

四、专利申请人、专利权人及专利权受让人

要弄清楚专利申请人、专利权人和专利权受让人三者之间的关系。

（一）专利申请人

对于一项发明创造，首先是要提出专利申请，经国家知识产权局授予专利权后才能享有专利权。

有权提出专利申请的人，并承担与申请相关的义务的自然人或者法人，称为专利申请人。一般在非职务发明中，发明人或设计人与专利申请人大多

为同一人。但下列几种情况，专利申请人就不一定是发明人或设计人了。例如：法律明确规定，职务发明创造的申请人为发明人或设计人所在的单位；他人通过合同约定从发明人或设计人手中取得了发明创造的专利申请权；或者是发明创造的继承人通过继承取得发明创造的专利申请权；等等。

这里可以看出，发明人或设计人一定为自然人，但专利申请人可以为单位，也可以为自然人。

专利申请人享有专利申请的权利，包含两层含义：一是指发明人、设计人或者其所在单位对发明创造提出专利申请的权利，即申请专利的权利，这是专利申请以前的权利；二是申请人对其专利申请享有的继续申请或者转让的权利，即专利申请的权利，这是提出专利申请以后的权利。

（二）专利权人

专利权人是指依法获得专利权的人，专利权人是专利权的所有人及持有人的统称。专利权人是专利权的主体，既可以是单位，也可以是个人。专利权人具有独占权、许可权和转让权。

（三）专利权的受让人

专利申请人未必都能成为专利权人。如果专利申请提出后，专利申请人将专利申请权进行转让，则授权后享有专利权的人就是专利申请权的受让人。

受让人是指通过合同转让、继承、赠予而依法取得该专利申请权的单位或个人。《专利法》指出：“专利申请权和专利权可以转让。”专利申请权转让之后，如果获得了专利，那么受让人就是该专利权的主体；专利权转让后，受让人成为该专利权的新主体。

虽然受让人可以获得专利申请权或专利权，但是并不能因此而成为发明人或设计人。换言之，该发明创造的发明人或设计人也不因发明创造的专利申请权或专利权的转让而丧失其特定的人身权利。

《专利法》第十条规定：“转让专利申请权或者专利权的，当事人应当订立书面合同，并向国务院专利行政部门登记，由国务院专利行政部门予以公告。专利申请权或者专利权的转让自登记之日起生效。”

第三节　专利权的客体

【课程纲要】

课程目标：通过本课程的学习，大学生能够了解发明、实用新型和外观设计三种不同类型的专利的保护客体。能够准确地判断不授予专利权的发明创造。

主要内容：三类专利保护客体专利；不授予专利权的发明创造。

教学安排：由任课老师确定课程类型及课时。

专利权的客体，也称为专利法保护的对象，是指依法应授予专利权的发明创造。《专利法》第二条对专利保护的客体做出了规定，包括发明、实用新型和外观设计三种。

一、发明专利保护客体

《专利法》指出："发明是指对产品、方法或者其改进所提出的新的技术方案。"由其定义可知，第一，可授予发明专利权的客体应当是一种新的技术方案；而技术方案是能够解决技术问题所采取的多种技术手段；技术手段通常是由若干个技术特征来体现的。第二，可授予专利权的保护客体既可以是产品，也可以是方法。也就是说，能够获得发明专利的技术方案可以是产品技术方案，也可以是方法技术方案。

按照《专利法》《专利审查指南》的规定，发明包括以下三种：

1. 产品发明

产品发明是指新产品或新物质的发明。这种产品或物质是自然界从未有过的，是靠人的创造性劳动才得以出现的物品，例如机器、设备、仪器、装置、用具、部件、零件、材料、组合物、化合物等，也包括由不同物品相互配合构成的物品系统。如果是完全处于自然状态下，没有经过人的加工或改造而存在的物品，就不是我国专利法所规定的产品发明，是不能取得专利权的。

2. 方法发明

方法发明是指为解决某特定技术问题而采用的手段和步骤的发明。但是，那些利用抽象思维的方法，比如编制某种密码的方法、数学计算的方法、智力活动的方法等，均不能称为方法发明。通常包括制造方法和操作使用方法两种类型：

制造方法作用于一定的物品上，目的在于使该物品在结构、形状或者物理化学特性上产生变化，例如“一种齿轮的制造方法”。

操作使用方法不以改变所涉及物品本身的结构、形状或者物理化学特性为目的，而是寻求产生或者获取某种非物质性的结果，例如“一种工作间的除尘方法”。

3. 改进发明

改进发明是指人们对已有的产品和方法发明提出实质性改革的新技术方案。在专利申请中，绝大多数专利申请都是对现有技术或者现有方法的局部改进，例如对某些技术特征进行新的组合，对某些技术特征进行新的选择等。

尽管没有从根本上突破原有产品或方法的格局，也不是新的产品的创制和新的方法的创造，但是改进发明为已有的产品或方法带来了新的特性，改变了旧的弊端，产生新的技术效果，形成一个新的东西。显然，改进发明对于促进技术的进步有着积极的意义。

二、实用新型专利保护客体

《专利法》指出：“实用新型是指对产品的形状、构造或者其结合所提出的适于实用的新的技术方案。”

实用新型专利只保护产品。该产品应当是经过工业方法制造的，有确定的形状、构造或者其结合的，并且占据一定空间的实体。至于一切方法（包括产品的制造方法、使用方法、通信方法、处理方法、计算机程序等），产品的用途，以及未经产业制造的自然存在的物品均不属于实用新型专利的保护范围。

1. 产品的形状

产品的形状是指产品所具有的、可以从外部观察到的确定的空间形状。对产品形状所提出的技术方案可以是对产品的三维形态的空间外形所提出的技术方案，例如对凸轮形状、刀具形状做出改进；也可以是对产品的二维形态所提出的技术方案，例如对型材的断面形状的改进。

无确定形状的产品，如气态、液态、粉末状、颗粒状的物质或材料，其形状不能作为实用新型产品的形状特征。装饰性的产品属于外观设计，不属于实用新型专利保护客体。

2. 产品的构造

产品的构造是指产品的各个组成部分的连接、安排、组织和相互关系。它可以是机械构造，也可以是线路构造。

机械构造是指构成产品的零部件的相对位置关系、连接关系和必要的机械配合关系等。

线路构造是指构成产品的元器件之间的确定的连接关系。

对于具有复合层的产品来说，复合层结构是通过工艺上的处理，经过物理改进，在特定区域内形成了不同的层，其层状结构应当认为属于产品的构造。例如一种由防潮层、耐磨层和实木层构成的地板，因为其具有的层状结构，属于产品的构造是毫无疑问的。但是，产品的构造不包括物质或者材料的微观结构，例如物质的原子结构、分子结构，材料的组分、金相结构等。

3. 技术方案

《专利法》规定，实用新型必须是一项技术方案。技术方案是用来解决技术问题的各种技术手段的集合。技术手段通常是由技术特征来体现的。

反过来说，如果采用技术手段解决不了技术问题、技术方案达不到技术效果的，则不能成为实用新型专利保护的对象。

例如一个大型垃圾箱申请实用新型专利。它要解决的技术问题是防止垃圾腐化、减少臭味；采用的技术手段是在垃圾箱下箱体的侧壁上部开设通风孔；让垃圾箱内空气产生由上而下的对流和内外循环，是符合自然规律的、是能达到技术效果的。因此，这个技术方案属于实用新型保护的客体。

实用新型与发明在实质上是相同的，都是应用自然规律提出的技术解决方案。因此，在许多方面有共同之处。两者的主要差别如下：

（1）创造性的标准方面，实用新型低于发明。《专利法》第二十二条指出，与现有技术相比，实用新型只要求“具有实质性特点和进步”；而发明要求严格，则为“具有突出的实质性特点和显著的进步”。

（2）申请审批程序方面，实用新型比起发明要简单。专利法规定，实用新型专利申请经初步审查没有发现驳回理由的，由专利局做出授予实用新型专利权的决定，发给相应的专利证书，同时予以登记和公告。可见，对于实用新型专利申请，不必再进行实质审查。然而，对发明专利申请则必须经过实质审查。

（3）实用新型的专利保护期限短于发明，前者为10年，后者为20年。

三、外观设计专利保护客体

《专利法》指出：“外观设计是指对产品的形状、图案或者其结合以及色彩与形状、图案相结合所作出的富有美感并适于工业上应用的新设计。”

1. 外观设计的载体是产品

外观设计是对产品的外观做出的设计，其载体应当是产品。产品，是指任何用工业方法生产出来的物品。不能重复生产的手工艺品、农产品、畜产品、自然物不能作为外观设计的载体。需要说明的是，外观设计的产品应当是完整的、是可以单独出售且单独使用的物品；要求保护的外观设计不是产品本身常规形态的，不能作为外观设计专利保护的客体；纯属美术、书法、摄影范畴的作品，不属于外观设计专利保护的客体。

2. 外观设计的三大构成要素

外观设计是指对产品的形状、图案或者其结合以及色彩与形状、图案的结合所作出的设计。形状、图案、色彩是外观设计的三要素。

构成外观设计的组合有：（1）产品的形状；（2）产品的图案；（3）产品

的形状和图案；（4）产品的形状和色彩；（5）产品的图案和色彩；（6）产品的形状、图案和色彩。

形状是指对产品造型的设计，也就是指产品外部的点、线、面的移动、变化、组合而呈现的外表轮廓，即对产品的结构、外形等同时进行设计、制造的结果。

图案是指由任何线条、文字、符号、色块的排列或组合而在产品的表面构成的图形。图案可以通过绘图或其他能够体现设计者的图案设计构思的手段制作。产品的图案应当是固定、可见的，而不应是时有时无的或者需要在特定的条件下才能看见的，例如流沙画艺术品的设计要点在于图案，其图案是随机的、不固定的，因此不属于外观设计专利保护的客体。又如，图案是在紫外灯照射下才能显现的产品，需要借助特定的工具才能看见，因此不属于外观设计保护的客体。产品通电后显示的图案和色彩，并非产品本身的图案和色彩，不属于外观设计保护的客体。

色彩是指用于产品上的颜色或者颜色的组合。色彩不能单独构成外观设计，除非产品色彩的变化本身可以形成一种图案。另外，制造该产品所用材料的本色不是外观设计的色彩；产品的设计中包含文字和数字的，其中文字和数字的字音、字义并非是对产品的形状、图案或者其结合以及色彩与形状、图案的结合所做出的设计，不属于外观设计保护的客体。

3. 富有美感

授予专利权的外观设计必须富有美感。美感是指该外观设计从视觉感知上给人愉悦的感受，与产品是否功能先进、是不是有技术效果没有关系。这一点，也是外观设计专利与发明、实用新型专利保护客体的一个不同。

4. 适于工业上应用的新设计

判断基准为该外观设计能应用于产业上并形成批量生产。另外，仿真设计不属于新设计，不能授予外观设计专利权。

外观设计与发明、实用新型在实质上不尽相同，主要差别如下：

发明和实用新型都提出了技术解决方案，或者涉及产品本身，或者涉及方法；然而，外观设计则是产品的装饰性或者艺术性的外表，与技术毫无关联。

实用新型虽然涉及形状，但它是从产品的技术效果和技术功能的角度出发的；然而，外观设计涉及的形状是从产品富有美感的角度出发的。实践中，有些对于产品形状改进的发明创造，既能申请实用新型专利，也可以申请外观设计专利，或者同时申请两种。

四、不授予专利权的发明创造

专利权是依法授予的实施发明创造的独占权。这种独占权的属性决定了并不是任何发明创造都能授予专利权。基于维护国家利益、执行大政方针、遵守公序良俗等方面的考虑，《专利法》将两大部分排除在专利保护之外，分别在《专利法》第五条和第二十五条中做出了规定。具体内容如下：

《专利法》第五条第一款的规定："对违反法律、社会公德或者妨害公共利益的发明创造不授予专利权。"

国家法律，是指由全国人民代表大会或者全国人民代表大会常务委员会依照立法程序制定和颁布的法律。发明创造本身的目的与国家法律相违背的，不能被授予专利权。例如，用于赌博的设备、机器或工具，以及吸毒的器具等不能被授予专利权。发明创造本身的目的并没有违反国家法律，但是由于被滥用而违反国家法律的，不属于违反法律的发明创造，或者仅仅是发明创造的产品的生产、销售或者使用受到法律的限制或约束，则该产品本身及其制造方法不属于违反法律的发明创造。

社会公德，是指公众普遍认为是正当的、并被接受的伦理道德观念和行为准则。发明创造与社会公德相违背，不能被授予专利权。

妨害公共利益，是指发明创造的实施或使用会给公众或社会造成危害，或者会使国家和社会的正常秩序受到影响。妨害公共利益的发明创造，不能被授予专利权。如果发明创造因滥用而可能造成妨害公共利益的，或者发明创造在生产积极效果的同时存在某种缺点的，则不属于因"妨害公共利益"而不能被授予专利权的发明创造的情况，例如有些药品对人体有某种副作用。

《专利法》第二十五条规定："对下列各项，不授予专利权：（一）科学发现；（二）智力活动的规则和方法；（三）疾病的诊断和治疗方法；（四）

动物和植物品种；（五）用原子核变换方法获得的物质；（六）对平面印刷品的图案、色彩或者二者的结合作出的主要起标识作用的设计。”

1. 科学发现

科学发现是指对自然界中客观存在的现象、变化过程及其特性和规律的揭示。科学理论是对自然界认识的总结，是更为广义的发现。它们都属于人们认识的延伸。这些被认识的物质、现象、过程、特性和规律不同于改造客观世界的技术方案，不是专利法意义上的发明创造，因此不能被授予专利权。

2. 智力活动的规则和方法

智力活动，是指人的思维运动，它源于人的思维，经过推理、分析和判断产生出抽象的结果，或者必须经过人的思维运动作为媒介才能间接地作用于自然产生结果，它仅是指导人们对信息进行思维、识别、判断和记忆的规则和方法，由于其没有采用技术手段或者利用自然法则，也未解决技术问题和产生技术效果，因而不构成技术方案。例如，交通行车规则、各种语言的语法、速算法或口诀、心理测验方法、各种游戏的规则和方法、乐谱、食谱、棋谱、计算机程序本身等。

3. 疾病的诊断和治疗方法

它是以有生命的人或者动物为直接实施对象，进行识别、确定或消除病因、病灶的过程。将疾病的诊断和治疗方法排除在专利保护范围之列，是出于人道主义的考虑和社会伦理的原因，医生在诊断和治疗过程中应当有选择各种方法和条件的自由。另外，这类方法直接以有生命的人体或动物体为实施对象，理论上认为不属于产业，无法在产业上利用，不属于专利法意义上的发明创造。例如诊脉法、心理疗法、按摩、为预防疾病而实施的各种免疫方法、以治疗为目的的整容或减肥等。但是药品或医疗器械可以申请专利。

4. 动物和植物品种

动物和植物品种可以通过《专利法》之外的其他法律法规来进行保护，例如植物新品种可以依照《植物新品种保护条例》给予保护。但是，对于动物和植物品种的生产方法，可以授予专利权。

5. 用原子核变换方法获得的物质

由于原子核变换方法以及利用原子核变换方法获得的物质常常用于军事

目的，是不宜公开的；同时关系到国家的重大利益，也是不能人为垄断的。因此，不可授予专利权。

6. 对平面印刷品的图案、色彩或者二者的结合作出的主要起标识作用的设计

例如，某一种标贴，其用途在于使公众识别所涉及的产品、服务的来源，主要起到标识的作用，这个就属于不授予专利权的发明创造。

第四节　专利申请授权的实质性条件

【课程纲要】

课程目标：通过本课程，大学生能够了解发明和实用新型，以及外观设计申请授权的实质性条件。

主要内容：新颖性；创造性；实用性。

教学安排：由任课老师确定课程类型及课时。

发明创造要取得专利权，必须满足其实质条件和形式条件。实质条件是指申请专利的发明创造自身必须具备的属性要求；形式条件则是指申请专利的发明创造在申请文件和手续等程序方面的要求。下面将重点讨论授予专利权的实质条件。

一、发明和实用新型专利申请授权的实质性条件

获得专利授权需要的条件很多，但是，专利“三性”（即新颖性、创造性和实用性）作为专利授权的实质条件却是最直接、最重要的。它成为一个执行标准：国家专利局在专利授权时，必须经过而且要通过“三性”的判断；专利申请人申报专利之前更应当充分理解专利“三性”，必须清楚要达到专利

授权的实质条件的“分量”以及符合该标准的“尺度”。如图4－3所示。

（一）新颖性

《专利法》第二十二条规定：“授予专利权的发明和实用新型，应当具有新颖性、创造性和实用性。”可见，申请专利的发明和实用新型具备新颖性是授予其专利权的一个必要条件。发明或实用新型专利申请是否具备新颖性，只有在其具备实用性后才予以考虑。

所谓的新颖性，《专利法》明确指出：“新颖性，是指该发明或者实用新型不属于现有技术；也没有任何单位或者个人就同样的发明或者实用新型在申请日以前向国务院专利行政部门提出过申请，并记载在申请日以后公布的专利申请文件或者公告的专利文件中。”

图4－3　要经过“三性”判断

按照上述规定，判断发明或者实用新型是否具有新颖性，需要考虑以下因素：

1. 现有技术

根据《专利法》的规定：现有技术“是指申请日以前在国内外为公众所知的技术”。对于现有技术的判断一定要从时间界限、“为公众所知”的含义以及公开方式等几个方面来考虑。

现有技术的时间界限是申请日，只要是在申请日之前（不包括申请日当天）公开的技术内容均属于现有技术。

“为公众所知”是指现有技术的实质性内容处于公众想要得知就能得知的状态。这种向公众公开的状态只要客观存在着，有关技术就被认为已经公开了，至于该技术有没有人了解或有多少人了解则无关紧要。处于保密状态的技术秘密，由于公众是不能得知的，所以技术秘密则不属于现有技术之列。

现有技术的公开方式有以下三种：

（1）出版物公开

出版物是指记载有技术或设计内容的独立存在的传播载体，并且这些出版物上表明其发表者以及公开发表或者出版的时间。所谓的出版物不限于印刷的，也包括打字的、手写的，用光、电、磁、照相等方式复制的；其载体也不限于纸张，可以包括各种其他类型的信息载体，如缩微胶片、影片、磁带、照相底片、唱片、光盘等。出版物公开不受地理位置、语言或者取得方式的限制，也不受年代的限制。出版物的出版发行量多少、是否有人阅读过、申请人是否知道，这些是无关紧要的。但是，对于印有“内部发行”等字样的出版物，如果确系在特定范围内要求保密的、不对外公开的出版物，不属于出版物公开的范围。出版物的印刷日视为公开日，有其他证据证明其实际公开日的除外。假如印刷日只写明年月或年份的，以所写月份的最后一日或者所写年份的12月31日为公开日。

（2）使用公开

使用公开是指由于使用导致一项或者多项技术方案的公开，或者导致该技术方案处于公众中任何一个人都可以得知的状态。使用公开不仅包括通过制造、使用、销售、进口、交换、馈赠、展出等方式使公众得知，而且还包括放置在展台上、橱窗内公众可以阅读的信息资料及直观资料，例如招贴画、图画、照片样本、样品等。如果使用公开的是一种产品，即使所使用的产品或者装置需要经过破坏才能得知其结构和功能，也仍然属于使用公开。但是，未给出任何有关技术内容的说明，以至所属技术领域的技术人员无法得知其结构功能或材料成分的产品展示，则不属于使用公开。

（3）以其他方式公开

以其他方式公开是指口头公开等方式。例如，口头交谈、报告、讨论会发言、广播、电视、电影等能够使公众得知技术内容的方式。口头交谈、报告、讨论会发言以其发生之日为公开日。公众可接收的广播、电视或电影的报道，以其播放日为公开日。例如，某大学生在专利申请之前，将这项技术内容在微信或 QQ 上面向好友公开了，这技术就成了“为公众所知”的现有技术，这项发明创造也就失去了新颖性。

2. 抵触申请

抵触申请，是指损害新颖性的专利申请。具体是指：在申请日以前，任何单位或个人就同样的发明或实用新型已经向专利局提出过申请，并且记载在申请日以后（含申请日）公布的专利申请文件中，那么这一个专利申请就破坏了此后专利申请的新颖性，称为抵触申请。

之所以将抵触申请纳入新颖性判断，是执行我国专利审查制度的“先申请制”“禁止重复授权”原则。《专利法》第九条明确规定：“同样的发明创造只能授予一项专利权。”“两个以上的申请人分别就同样的发明创造申请专利的，专利权授予最先申请的人。”

构成抵触申请的专利申请文件或专利文件，应当满足以下三个条件：

（1）向专利局提出申请；

（2）在申请日前提出申请，并且在申请日之后（含申请日）公布或者公告；

（3）披露了同样的发明或实用新型。

新颖性判断的过程如图 4－4 所示。

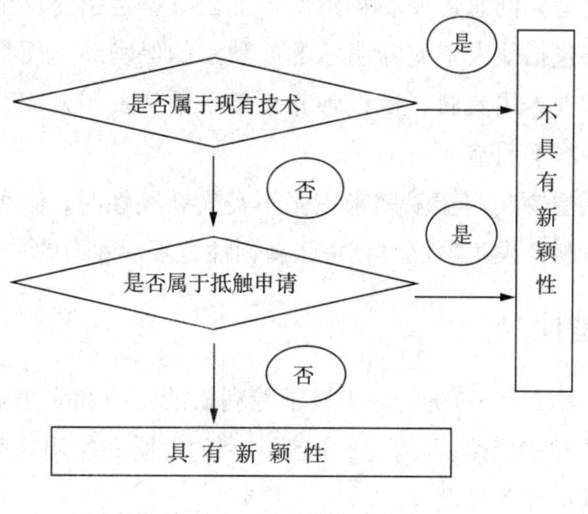

图 4－4　新颖性的判断

3. 宽限期

原则规定，在申请日之前公开的技术内容均属于现有技术，丧失了新颖性。但是，为了鼓励技术的传播同时兼顾公平，法律又做出例外规定——六个月的宽限期。给予宽限期是一种补救措施，是对新颖性要求的一个例外。《专利法》规定了具有一定条件限制的几种公开，不影响其新颖性。第二十四条指出："申请专利的发明创造在申请日以前六个月内，有下列情形之一的，不丧失新颖性：（一）在中国政府主办或者承认的国际展览会上首次展出的；（二）在规定的学术会议或者技术会议上首次发表的；（三）他人未经申请人同意而泄露其内容的。"

中国政府主办的国际展览会，包括国务院、各部委主办或者国务院批准由其他机关或者地方政府举办的国际展览会。中国政府承认的国际展览会，是指国际展览会公约规定的有国际展览局注册或者认可的国际展览会。

规定的学术会议或者技术会议，是指国务院有关主管部门或者全国性学术团体组织召开的学术会议或者技术会议，不包括省以下或者国务院有关主管部门或者全国性学术团体委托或者以其名义组织召开的学术会议或者技术会议。在后者所述的会议上的公开将导致丧失新颖性，除非这些会议本身有保密约定。

他人未经申请人同意对发明创造所做的公开，是指违反申请人本意的公开行为。它不仅包括他人未遵守明示的或默示的保密约定而将发明创造的内容公开，也包括他人用威胁、欺诈等非正常手段从发明人或者申请人那里得知发明创造的内容而后造成的公开。

如果申请人想要利用宽限期来主张不丧失新颖性时，必须提出请求并且提交相关证明材料。发生争议时，主张新颖性宽限期效力的一方有举证责任。

（二）创造性

《专利法》第二十二条规定："授予专利权的发明和实用新型，应当具有新颖性、创造性和实用性。"可见，申请专利的发明和实用新型具备创造性是授予其专利权的必要条件之一。

发明或实用新型专利申请是否具备创造性，必须在确定其具备新颖性之后才予以考虑。判断创造性的标准要严于判断新颖性的标准：新颖性是用于衡量一项发明创造是否具有创新技术方案的标准；然而，创造性更要衡量一项发明创造的质量，即创造性是衡量一项发明创造创新程度的标准。因此，授予专利权的发明创造除了必须具备新颖性外，还必须具备创造性。

上一章，我们讲述了组合发明法。如果要求保护的发明仅仅是将某些已知产品或方法组合或连接在一起，各自以其常规的方式工作，而且总的技术效果是各组合部分效果之总和，组合后的各技术特征之间在功能上无相互作用关系，仅仅是一种简单的叠加，则这种组合发明不具备创造性。例如，一项带有电子表的圆珠笔的发明，发明的内容是将已知的电子表安装在已知的圆珠笔的笔身上。将电子表同圆珠笔组合后，两者仍各自以其常规的方式工作，在功能上没有相互作用关系，只是一种简单的叠加，这种“显而易见”的组合发明是不具备创造性的。

对于创造性的定义，《专利法》指出：“创造性，是指与现有技术相比，该发明有突出的实质性特点和显著的进步，该实用新型有实质性特点和进步。”

发明或实用新型是否具有创造性基于两点：

一是要与现有技术相比较。需要指出的是，在申请日以前由任何单位或个人向专利局提出申请并且记载在申请日以后公布的专利申请文件或者公告的专利文件中的内容，不属于现有技术，因此在评价发明或者实用新型的创造性时不予考虑。

二是要明确对象。对于实质性特点、突出的实质性特点、进步、显著的进步的评判，都是对“所属技术领域的技术人员”而言的。所属技术领域的技术人员不是具体的人，而是一个假设的“人”，应当兼备三种能力：（1）知晓申请日或优先权日之前发明所述技术领域所有的普通技术知识；（2）能够获知该领域中所有的现有技术，并且具有应用该日期之前常规实验的手段和能力，但他不具有创造能力；（3）如果所要解决的技术问题能够促使所属技术领域的技术人员在其他技术领域寻找解决技术问题的技术手段，他也应具有从该其他技术领域中获知该申请日或优先权日之前的相关现有技术、普通技术知识和常规实验手段的能力。设定“所属技术领域的技术人员”这一概念的目的是，便于把握同一审查标准，尽量避免审查员主观因素的影响。

发明有“突出的实质性特点”，是指对所属技术领域的技术人员来说，发明相对于现有技术是非显而易见的。发明相对于现有技术在技术方案的构成上应当具有实质性的区别，如果发明是所属技术领域的技术人员在现有技术的基础上，仅仅通过合乎逻辑的分析、推理或者有限的实验就可以得到，则该发明是显而易见的，那就不具有突出的实质性特点了。

发明有“显著的进步”，是指发明与现有技术相比能够产生有益的技术效果。通常指发明克服了现有技术中存在的缺点和不足，发明与现有技术相比具有更好的技术效果，例如改善质量、提高产量、节约能源、防治环境污染等；或者是指为了解决某一技术问题提供了一种不同构思的技术方案；或者代表了某种新的技术发展趋势。

上面说的是“发明具有突出的实质性特点和显著的进步”，然而实用新型只是没有那么“突出”和“显著”。两者的判断原则以及判断方法没有本质区别，只是程度不同，实用新型创造性的标准低于发明创造性的标准而已。

（三）实用性

《专利法》第二十二条规定：“授予专利权的发明和实用新型，应当具有新颖性、创造性和实用性。”因此，申请专利的发明和实用新型具备实用性，是授予其专利权的必要条件之一。

《专利法》指出：“实用性，是指该发明或者实用新型能够制造或者使用，并且能够产生积极效果。”

如果申请专利的发明或者实用新型是一种产品，那么这种产品必须在产业中能够制造，并且能够解决技术问题；如果申请专利的发明是一种方法，那么这种方法必须在产业中能够使用，并且能够解决技术问题。所谓的产业，包括工业、农业、林业、水产业、畜牧业、交通运输业以及服务业等行业。

能够产生积极效果，是指发明或者实用新型专利申请在提出申请之日，其产生的经济、技术或者社会效果是所属技术领域的技术人员可以预料到的，是积极的、有益的效果。由于申请专利的产品或者方法仅仅是一种技术方案，因而这个积极效果只要求“可预料”，并非一定要将产品或者方法通过测试或者验证，以证明其具有积极的技术或者经济效果。

应当以《专利法》为基准来判断发明或者实用新型的实用性。《专利审查指南》列举了不具备实用性的几种情形，包括：（1）无再现性的申请主体；（2）违背自然规律的发明或实用新型专利申请；（3）利用独一无二的自然条件的产品；（4）人体或动物体的非治疗目的的外科手术方法；（5）测量人体或动物体在极限情况下的生理参数方法；（6）无积极效果的技术方案。

二、外观设计专利申请授权的实质性条件

《专利法》第二十三条规定了外观设计专利申请的实质性授权条件。包括：不属于现有设计；不存在抵触申请；与现有设计或者现有设计特征的组合相比，具有明显区别；不得与他人在申请日以前已经取得的合法权利相冲突。

（一）新颖性

《专利法》规定："授予专利权的外观设计，应当不属于现有设计；也没有任何单位或者个人就同样的外观设计在申请日以前向国务院专利行政部门提出过申请，并记载在申请日以后公告的专利文件中。"所谓的"现有设计"，是指申请日以前在国内外为公众所知的设计。

（二）独创性

《专利法》指出："授予专利权的外观设计与现有设计或者现有设计特征的组合相比，应当具有明显区别。"

（三）不得与他人在先取得的合法权利相冲突

《专利法》指出："授予专利权的外观设计不得与他人在申请日以前已经取得的合法权利相冲突。"这里的"在先取得"是指在外观设计的申请日或者优先权日之前取得。这里的"合法权利"包括了商标权、著作权、企业名称权、肖像权、知名商品特有包装或者装潢使用权等。

第五节　专利的申请及后续事务

【课程纲要】

课程目标：让大学生了解专利申请的原则，申请相关法律手续，专利权申请的复审与无效以及专利权的授予和终止。

主要内容：专利申请相关法律手续；专利权的复审与无效；专利权的授予和终止。

教学安排：由任课老师确定课程类型及课时。

一、专利申请的原则

专利申请是专利申请人请求国家知识产权局对其发明、实用新型或外观设计专利申请授予专利权的行为。专利申请过程中应遵循以下原则：

1. 请求原则

专利申请过程中，各种程序都必须在申请人的主动请求下才能启动，如提出实质审查、要求提前公开、请求费用减缴等。

2. 书面原则

《专利法》和《专利法实施细则》中规定的各种手续，应当以书面形式或者专利局规定的其他形式（如电子件）办理。

3. 禁止重复授权原则

为了防止专利权的冲突，“同样的发明创造只能授予一项专利权”，故而要遵守禁止重复授权原则。

4. 先申请原则

《专利法》指出：“两个以上的申请人分别就同样的发明创造申请专利的，专利权授予最先申请的人。”要判断一个申请是否是在先申请，除了要排除该申请不是现有技术之外，还应当确定该申请不存在相应的抵触申请。

5. 优先权原则

根据《专利法》第二十九条的规定："申请人自发明或者实用新型在外国第一次提出专利申请之日起十二个月内，或者自外观设计在外国第一次提出专利申请之日起六个月内，又在中国就相同主题提出专利申请的，依照该外国同中国签订的协议或者共同参加的国际条约，或者依据相互承认优先权的原则，可以享有优先权。"这是外国优先权的规定。

该条下一款指出："申请人自发明或实用新型在中国第一次提出专利申请之日起十二个月内，又向国务院专利行政部门就相同主题提出专利申请的，可以享有优先权。"这是本国优先权的规定。在我国的优先权制度中，不包括外观设计专利。

6. 单一性原则

根据《专利法》的规定："一件发明或者实用新型专利申请应当限于一项发明或者实用新型。属于一个总的发明构思的两项以上的发明或者实用新型，可以作为一件申请提出。一件外观设计专利申请应当限于一项外观设计。同一产品的两项以上的相似外观设计，或者用于同一类别并且成套出售或者使用的产品的两项以上的外观设计，可以作为一件申请提出。"

在这里需要指出的是，一件专利申请限于一项发明创造，但可以有多项权利要求。一件申请如果有不符合单一性情况的，应当对申请文件进行分案处理，使其符合单一性的要求。

分案申请是从原申请文件分离出不符合单一性原则的专利申请，目的是给原申请中不符合单一性原则的两个以上发明创造中的一部分提出新的申请的机会，是对违反单一性的补救，也是专利申请修改的特殊形式。

二、专利申请的相关法律手续

包括期限、费用、受理、撤回、驳回等相关手续。

（一）期限

专利申请及审查程序中的期限分为法定期限和指定期限两种：

1. 法定期限

法定期限是指《专利法》《专利法实施细则》规定的各种期限，是较为重要且相对固定的期限，任何人无权更改。主要有：请求启动审查程序的期限，如发明专利申请公布的期限为自申请日起满 18 个月；办理法律手续的期限，如国家知识产权局发出授予专利权通知后，申请人应当自收到通知之日起 2 个月内办理登记手续；提交专利有关文件的时间，无效宣告请求人可以在提出无效宣告之日起 1 个月内增加理由或者补充证据；缴纳专利费用的期限，专利权人应当自被授予专利权的当年开始缴纳年费。

2. 指定期限

指定期限是指在审查员发出的各种通知中，指定申请人或其他利害关系人作出答复或者进行某种行为的期限。指定期限基本上属于要求对申请或请求进行修改或补正的期限。指定期限一般为 2 个月，由审查员在通知书中注明。发明专利实质审查程序中，申请人答复第一次审查意见书的期限是 4 个月，答复第二次审查意见书的期限是 2 个月。对于较为简单的行为，也可以给予 1 个月的期限。指定期限推定当事人自收到通知书之日起计算。以邮寄或者电子文件形式的送达方式，自发文日起满 15 天推定为当事人收到之日。

（二）费用

向国家知识产权局申请专利和办理其他手续，应当按规定缴纳费用。《专利法实施细则》规定了费用的种类、缴费期限、缴纳的方式等具体内容。

费用的种类很多，在申请、审查和授权阶段有不同的费用，包括申请费、申请附加费、公布印刷费、发明专利实质审查费、复审费、无效宣告请求费、专利登记费、公告印刷费、年费、恢复权利请求费、优先权费、专利权评价报告费、无效宣告请求费等。

申请人或专利权人缴纳专利费用确有困难的，可以请求国家知识产权局减缴有关费用。允许减缴的费用包括：申请费、发明申请实质审查费、复审费、自授权当年起 6 年的年费。请求费用减缓的，应在缴费期限尚未到期之前通过专利费用减缴系统备案，然后提出。

（三）受理

根据《专利法实施细则》和《专利审查指南》的有关规定，有以下情形的，国家知识产权局不予受理：（1）发明、实用新型、外观设计专利申请缺少规定的最低文件要求；（2）申请文件未使用中文或者未满足《专利法实施细则》第一百二十一条规定的格式要求；（3）请求书中缺少申请人姓名或名称，或者缺少地址的；（4）外国申请人因国籍或者居所原因，明显不符合专利法规定的；（5）申请类别不明确或者难以确定的。

（四）撤回、视为撤回

关于撤回的规定是："申请人可以在被授予专利权之前随时撤回其专利申请。""申请人撤回专利申请的，应当向专利行政部门提交声明，写明发明创造的名称、申请号和申请日。"

申请人如果逾期未办理规定手续的，申请将被视为撤回，专利局将发出视为撤回通知书。视为撤回一般有以下几种情况：发明专利申请人自申请日起3年内未提出实质审查；没有按期缴纳有关费用；没有按期答复专利审查员的补正通知书和审查意见通知书。

专利申请被视为撤回后，申请人如果不想失去申请专利的机会，应当在恢复权利期限内申请办理恢复手续。

（五）驳回

在审查程序中，申请人应审查员的要求陈述意见或进行修改或补正以后，专利局认为申请仍不符合《专利法》及其《专利法实施细则》规定的，应当做出驳回申请的决定，书面通知申请人。

依照《专利法》和《专利法实施细则》的规定，专利申请被驳回有两种情况：

（1）国家知识产权局在实质审查阶段认为发明专利申请不符合《专利法》的规定，在通知申请人并经其陈述意见或修改后，仍不符合规定的；

（2）国家知识产权局在初步审查阶段认为专利申请不符合《专利法》及

其《专利法实施细则》的有关规定，在通知申请人并经其陈述意见或者补正后，仍认为不符合有关规定的。

申请人对专利局驳回申请的决定不服的，可以在收到通知之日起 3 个月内向专利局复审委员会请求复审。

三、专利权申请的复审与无效

复审和无效都是法定程序。

（一）复审

专利申请人不服专利局在初步审查程序或实质审查程序中做出的驳回决定的，可以依照《专利法》的规定向专利复审委员会提出复审请求，启动复审程序。

提出复审请求的依据应当是被国家知识产权局驳回的专利申请。

复审决定有以下三种类型：一是复审请求不成立，维持驳回决定；二是复审请求成立，撤销驳回决定；三是申请文件经复审请求人修改，克服了驳回决定所指出的缺陷，在修改文本基础上撤销了驳回决定。

上述的后两种情况，专利复审委员会将专利申请送回原审查部门，由原审查部门对该专利申请继续进行审查。无论复审决定是维持驳回决定还是撤销驳回决定，复审请求人不服复审决定的，均可以在收到复审决定之日起 3 个月内向北京知识产权法院提起行政诉讼。

（二）无效

《专利法》第四十五条指出：“自国务院专利行政部门公告授予专利权之日起，任何单位或者个人认为该专利权的授予不符合本法有关规定的，可以请求专利复审委员会宣告该专利权无效。”

无效宣告程序特有的审查原则如下：

1. 一事不再理原则

对于已经做出审查决定的无效宣告案件涉及的专利权，以同样的理由和证据再次提出无效宣告请求的，专利复审委员会不予受理和审理。

2. **当事人处置原则**

体现在请求人可以放弃全部或者部分无效宣告请求的范围、理由及证据，双方当事人都有权与对方和解。

提出无效宣告请求时，请求人应当提交符合规定格式的无效宣告请求书及其附件。无效宣告的请求的客体应当是已经公告授权的专利，包括已经终止或者放弃的专利。无效宣告理由仅限于《专利法实施细则》第六十五条规定的理由，不属于这些理由的（例如某专利权有不具备单一性的缺陷），专利复审委员会不予受理。

无效宣告请求经专利复审委员会形式审查合格后予以受理，之后进入合议审查。在提出无效宣告请求之日起 1 个月内，无效宣告请求人可以增加无效宣告理由或者补充证据。收到无效请求受理通知书后，专利权人可以在 1 个月内进行答复。

无效宣告请求的合议审查程序，针对不同情形，专利复审委员会合议组可以采用转送文件、口头审理以及发出无效宣告请求审查通知书的方式进行审查。在无效宣告程序中，专利复审委员会通常仅针对当事人提出的无效宣告请求的范围、理由和证据进行审查，在提出无效宣告请求之日起 1 个月内当事人可以增加无效宣告理由或者补充证据。但是，为了提高专利授权质量，专利复审委员会可以在请求原则的基础上针对专利权中存在的明显实质性缺陷依职权进行审查。

无效宣告审查决定的类型包括三种：一是宣告专利权全部无效；二是宣告专利权部分无效；三是维持专利权有效。

四、专利权的授予和终止

专利权的授予、终止，必须要按照《专利法》和《专利法实施细则》的相关规定执行。

（一）专利权的授予

发明专利申请经实质审查，实用新型和外观设计专利申请经初步审查，

“没有发现驳回理由的”，专利局应当做出授予专利权的决定，发给专利证书。

在授予专利权之前，专利局应当发出授予专利权的通知书；同时发出办理登记手续的通知书，申请人应当在收到该通知之日起两个月内办理登记手续。

申请人在规定期限之内办理登记手续的，专利局应当颁发专利证书，并同时予以登记和公告，专利权自公告之日起生效。

发明和实用新型的专利证书由证书首页和专利说明书构成；外观设计的专利证书由证书首页和外观设计专利单行本构成。

专利证书应当记载与专利权有关的重要著录事项、国家知识产权局印记、局长签字和授权公告日等。其中著录事项包括：专利证书号（顺序号）、发明创造名称、专利号（即申请号）、专利申请日、发明人或者设计人姓名和专利权人姓名或者名称。

（二）专利权的终止

专利权的终止包括以下几种情况：

1. 专利权期满终止

发明专利权的期限为二十年，实用新型专利权和外观设计专利权期限为十年，均自申请日起算。

专利权期满时应当及时在专利登记簿和专利公报上分别予以登记和公告，并将专利申请文档转入失效文档库。

2. 专利权人没有按照规定缴纳年费的终止

除授予专利权当年的年费应当在办理登记手续的同时缴纳以外，以后的年费应当在前一年度期满前一个月内预缴。

专利年费滞纳期满仍未缴纳或者缴足专利年费或者滞纳金的，自滞纳期满之日起两个月后审查员应当发出专利权终止通知书。专利权人未启动恢复程序或者恢复权利请求未被批准的，专利局应当在终止通知书发出四个月后，在专利公报上公告，并将专利申请文档转入失效文档库。

专利权终止日应当是上一年度期限届满日。

3. 专利权人放弃专利权

授予专利权后，专利权人随时可以主动要求放弃专利权，专利权人放弃专利权的，应当提交放弃专利权声明，并附具全体专利权人签字或者盖章同意放弃专利权的证明材料，或者仅提交由全体专利权人签字或者盖章的放弃专利权声明。委托专利代理机构的，放弃专利权的手续应当由专利代理机构办理，并附具全体申请人签字或者盖章的同意放弃专利权声明。主动放弃专利权的声明不得附有任何条件。放弃专利权只能放弃一件专利的全部，放弃部分专利权的声明视为未提出。放弃专利权的生效日为所放弃专利的申请日。

第六节　专利权的运用与保护

【课程纲要】

课程目标：通过学习本课程，大学生能够了解专利权的实施和转让、专利权的保护范围以及侵权的判定。

主要内容：专利权的实施；专利权的转让；专利权的保护；侵权的判定和救济。

教学安排：由任课老师确定课程类型及课时。

专利权人取得专利权后，可以通过专利实施、专利权转让、专利许可、专利权质押等方式行使专利权，实现专利权的经济价值。同时，法律也明确规定了专利权的保护范围，划清了专利侵权与非侵权的界限；实际操作中，既要依法充分保护专利权人的合法权益，又要避免不适当地扩大专利保护的范围，损害到社会公众的利益。

一、专利权的实施

专利实施是指将获得专利权的发明创造应用于工业生产，不论是专利权人自己实施，还是专利权人许可他人实施，只要是将专利技术真正应用于工业生产中，就是专利的实施。广义上讲，凡是制造、使用、许诺销售、销售或者进口取得专利权的产品，或者使用取得专利权的方法以及使用、许诺销售、销售或者进口依照该专利方法直接获得的产品的行为，都属于专利实施。

（1）专利权人自己实施其专利，就是使用其技术设备和技术力量生产专利产品，或者使用专利方法制造专利产品，使该发明创造的智力成果转变为物质产品。

（2）许可他人实施其专利，指的是专利权人通过签订专利实施许可合同，被许可方在合同规定的范围内有偿地实施其专利，这也称为专利许可贸易。

《专利法》第十二条规定："任何单位或者个人实施他人专利的，应当与专利权人订立实施许可合同，向专利权人支付专利使用费。被许可人无权允许合同规定以外的任何单位或者个人实施该专利。"由此可知，专利实施许可应当以订立实施许可合同为要件。

二、专利权的转让

《专利法》第十条规定"专利权可以转让。"专利权的转让，属于一种财产权利的转移。专利权转让的标的是专利的所有权，转让人是专利权人。

转让专利权，"当事人应当订立书面合同，并向国务院专利行政部门登记，由国务院专利行政部门予以公告。""专利权的转让自登记之日起生效。"

专利权作为民事权利，其转让原则上不受限制，由当事人达成书面协议，并按照有关规定办理著录事项变更手续。但是，中国单位或者个人向外国人、外国企业或者外国其他组织转让专利权的，应当依照有关法律、行政法规的规定办理手续。

三、专利权的质押

专利权质押，是指债务人或第三人将拥有的专利权担保其债务的履行，当债务人不履行债务的情况下，债权人有权将该专利折价、拍卖或者变卖，所得的价款优先受偿的物权担保行为。

专利权质押的标的物是专利权中的财产权。在专利权出质期间，质权人没有权利许可他人使用或转让该出质的权利，质权人只有占有和保全该专利权的权利。在专利权出质期间，维持专利权有效的一切费用应由出质人承担。专利质押除订立质押合同外，还必须办理出质登记，质押合同登记申请的受理部门是专利局，合同自登记之日起生效。

专利权质押的实质是质权人通过对专利权价值的支配来担保债权的实现。它的目的就在于通过制度的安排最大限度地开发专利权，充分利用专利权的担保价值，实现其融通资金和担保债权的双重功效。

四、专利实施的强制许可

《专利法》第六章和《专利法实施细则》第五章，均对“专利实施的强制许可”做出了详尽的规定。

强制许可的实施，是指国务院专利行政部门可以不经专利权人的同意，通过行政申请程序直接允许申请者实施发明专利或实用新型专利，并向其颁发实施有关专利的强制许可决定。设立强制许可制度的目的是：防止专利权人滥用专利权，过分垄断而妨碍科技进步，损害社会公众的利益，因此要对专利权人的独占权做出一定的限制。

《专利法》规定的强制许可分为几种类型：（1）因专利权人不实施或者未充分实施专利而给予的强制许可；（2）为消除或者减少垄断行为对竞争产生的不利影响而给予的强制许可；（3）为公共利益目的而给予的强制许可；（4）为公共健康目的而给予的强制许可；（5）为从属专利目的的强制许可。

五、专利权的保护

专利权是发明创造在被授权以后专利权人所享有的权利，而在被授予专利权之前，专利申请人尚不具有专利权。自申请日起至申请公开日止，专利申请人应当加强保密工作，同时专利代理机构及国务院专利行政部门的工作人员及有关人员都负有保密的责任。专利权被授予后及专利权整个有效存续期间，专利权人都可以完整地行使专利法赋予的权利。

专利权的保护范围，因专利类型不同而有很大区别：

关于发明和实用新型，《专利法》第二十六条规定，“权利要求书应当以说明书为依据，清楚、简要地限定要求专利保护的范围。”《专利法》第五十九条第一款还规定：“发明或者实用新型专利权的保护范围以其权利要求的内容为准，说明书及附图可以用于解释权利要求的内容。”这就是说，对于发明和实用新型的保护范围，是以权利要求的内容来确定的，即以由权利要求中的所有的必要技术特征所构成的内容来确定。说明书和附图可以用来解释权利要求，但不能作为确定发明或实用新型专利保护范围的依据。简言之，即不能将专利保护范围解释为仅由权利要求的字面含义来限定，也不能将保护范围扩展到所属领域的技术人员通过阅读说明书及附图而理解的内容。

关于外观设计，《专利法》第五十九条第二款规定：“外观设计专利权的保护范围以表示在图片或者照片中的该产品的外观设计为准，简要说明可以用于解释图片或者照片所表示的该产品的外观设计。”这就是说，确定外观设计的保护范围，是以显示该外观设计的图片或者照片为依据的，简要说明只是用来解释图片或者照片所显示的产品的外观设计的。例如某一外观设计专利申请请求保护色彩，就应当在简要说明中写清楚。

六、专利侵权的判定

所谓的侵犯专利权，就是“未经专利权人许可，实施其专利”。从《专利法》第六十条的规定中可以得知构成专利侵权行为必须考虑以下要件：

第一，专利权有效。专利侵权行为的对象必须是受《专利法》保护的、有效的专利权。

第二，存在实施专利的行为。根据《专利法》第十一条的规定，实施发明或者实用新型专利包括了“为生产经营目的的制造、使用、许诺销售、销售、进口其专利产品，或者使用其专利方法以及使用、许诺销售、销售、进口依照该专利方法直接获得的产品”；实施外观设计专利包括“为生产经营目的制造、许诺销售、销售、进口其外观设计专利产品”。

第三，未经专利权人许可。根据《专利法》规定，只有未经专利权人许可的实施行为才可能构成侵权。专利实施许可合同可以有书面、口头及其他形式。例外情况是，如果实施专利的行为人获得了国家知识产权局颁发的强制许可或者执行政府颁发的强制推广应用的决定，则可以不经专利权人许可而实施其专利。

第四，以生产经营为目的。如果不是以生产经营为目的的行为，例如为了科学实验而使用有关专利，则不属于侵权行为。

《专利法》第六十九条还规定了“不视为侵犯专利权”的以下几种情况：

1. 专利权用尽

专利权人自己或者许可他人制造的专利产品（包括依据专利方法直接获得的产品）被合法地投放市场后，他人再对该产品进行使用、许诺销售、销售或进口，不视为侵权行为。

2. 在先使用

某项发明创造在申请人提出专利申请以前，任何人（包括单位和个人）已经制造相同产品、使用相同方法或者已经做好制造、使用的必要准备，在该发明创造授予专利权后，仍在原有的范围内制造或者使用该项发明创造的，不构成专利侵权行为。

3. 临时过境

临时通过中国领土的外国运输工具，为自身的需要在其装置或者设备中使用有关专利的，依照其所属国同中国签订的协议或者共同参加的国际条约，或者依照互惠原则，不视为侵犯专利权。

4. 为科研和实验而使用

以科学研究和实验为目的而使用专利的行为，不视为侵犯专利权。其中科学研究和实验是指专门针对专利技术本身进行的科学研究和实验，使用有关专利是指为上述目的按照专利文件制造专利产品或者使用专利方法，对专利技术进行分析、考察，以及研究如何改进。

5. 涉及药品和医疗器械的例外

为提供行政审批所需要的信息，制造、使用、进口专利药品或者专利医疗器械的，以及专门为其制造、进口专利药品或者专利医疗器械的，不视为侵犯专利权。

七、专利侵权的救济

我国对专利权的保护，采取行政保护与司法保护并用的双轨制。

国家知识产权局的职责是管理全国专利工作，除了对专利申请进行受理、审查、授权外，还对地方管理专利工作的部门处理专利侵权纠纷、查处假冒专利、调解专利纠纷进行业务指导。省、自治区、直辖市人民政府设立管理专利工作的部门，也将依法处理专利侵权纠纷、查处假冒专利、调解专利纠纷。

对专利权的司法保护，体现在专利权人对专利侵权行为可以依据《民事诉讼法》的规定向人民法院起诉。

当专利权人发现他人侵犯自己的专利权时，可以通过以下三种途径解决：

1. 协商解决

因为专利权是一种民事财产权，侵犯专利权属于民事纠纷，所以当事人可以遵循自愿的原则，通过协商来解决专利纠纷。协商解决的好处是简单易行、成本低，可以避免对簿公堂带来的不利影响，也有可能将原来的竞争对手变成今后的合作伙伴。

2. 行政处理

可以请求专利管理部门调解和处理。根据《专利法》的规定，管理专利工作部门的处理包括：一是应当事人的请求，对专利侵权纠纷进行调解和处理；对于认定侵权行为成立的，责令侵权人立即停止侵权行为。二是应当事人的请求就专利侵权的赔偿额进行调解。

3. 法院起诉

当事人可以根据民事诉讼法和有关司法解释的规定，选择有管辖权的法院提起诉讼。专利权人或者利害关系人在有可能造成难以弥补的损害的情况下，可以在提起侵权诉讼前和诉讼过程中，请求法院责令行为人停止涉嫌侵权的行为或者采取证据保全措施及财产保全措施。诉前证据保全是指人民法院依当事人申请对有可能灭失或以后难以取得的证据，在当事人起诉前和诉讼中加以固定和保护的制度。

第五章

申请专利前的各项准备

习　题

【思考题】

1. 在申请专利之前，为何要做出一些判断和决断？
2. 您知道专利申请分成几个类型吗？如何来确定某个专利的类型？
3. 申请专利交给专利代理机构办理，有哪些好处和弊端？
4. 申请专利需要准备哪些申请文件？
5. 专利申请前为何要做检索？专利检索的作用和意义都有哪些？
6. 常用的专利文献检索包括哪几种方法？
7. 一份完整的技术交底书包括哪几部分内容？
8. 撰写技术交底书要注意哪些要点？

【实训题】

1. 分组讨论题目："说一说申请专利之前必须做好的功课"
2. 选择某项发明创造，按照专利检索的基本方法，在 SooPat 中进行检索。
3. 结合学习和生活，理清发明思路，模拟填写技术交底书模板。

第一节　申请专利前的五个“确定”

【课程纲要】

课程目标：让大学生了解，在申请专利之前必须做好各项准备工作。要把五项任务“确定”之后，方可以进入下一个步骤。

主要内容：申请专利的条件；专利的价值；专利代理机构。

教学安排：由任课老师确定课程类型及课时。

古人说“凡事预则立，不预则废”，讲的就是不管做什么事，都要积极地做好准备工作，这样成功的机会将大大增加。成功是留给有准备、善于规划的人，许多人的成功就是因为做好了充分的准备。

专利申请是一件相当复杂的事情，要考虑的因素很多。如果提前做好了准备，事情就顺利；反之，如果轻视或忽略事前的准备，那必然会带来很大的问题，甚至彻底失败。

“不打无准备之仗”，在申请专利之前，我们要对下面介绍的五个“确定”有足够的认识和充分的了解。

一、确定能不能申请专利

所谓的“能不能申请”，就是要认真地分析这个将要申请的专利是否具备或者说能否满足多种“法定条件”。

（一）是否属于《专利法》第五条或第二十五条排除的主题

《专利法》第五条和第二十五条从维护国家和社会利益的角度出发，并根据我国的国情，对可授予专利权的主题范围作了某些限制性规定。

按照《专利法》第五条的规定，对违反法律、社会公德或者妨害公共利益的发明创造，不授予专利权。对违反法律、行政法规的规定获取或者利用遗传资源，并依赖该遗传资源完成的发明创造，不授予专利权。

按照《专利法》第二十五条的规定，就发明和实用新型而言，对科学发现、智力活动的规则和方法、疾病的诊断和治疗方法、动植物品种（包括动物和植物品种生产方法中的主要是生物学的方法）以及用原子核变换方法获得的物质（包括原子核变换方法在内），不授予专利权。

详细内容请参阅本书第四章第三节。

大学生在申请专利之前，必须判断该发明创造的主题是否属于上述所排除的主题。对于那些不受专利保护的发明创造，根本没有被授权的可能，所以就不要去申请了。

（二）是否符合《专利法》第二条的规定

《专利法》第二条规定了可以授予专利权的申请应当满足的基本条件，即发明、实用新型、外观设计的定义。

我们重点掌握发明和实用新型的异同。《专利法》规定，发明既可以包括产品，也可以包括方法，而这些产品或方法都是由发明创造的技术方案来体现的；实用新型是指对产品的形状、构造或者其结合所提出的适于实用的新的技术方案。由此可知，实用新型专利只保护产品，所述产品应当是能够通过产业方法制造的、有确定形状且占据一定空间的实体。

在发明和实用新型定义中所说的“新的技术方案”，是对可申请专利保护的发明或者实用新型客体的基本要求。大学生在撰写技术交底书或者专利申请文件时，应当找出这个发明创造是否有“新的技术方案”，先要符合发明或者实用新型的一般性定义。

（三）是否符合《专利法》第二十二条的规定

就是要判断申请的发明和实用新型是否满足实质要件的规定，即是否具备专利“三性”的要求。按照本条规定，授予专利权的发明和实用新型必须具备新颖性、创造性和实用性。

1. 判断新颖性

以申请发明或实用新型是否属于现有技术为准。因此，要充分了解现有技术的状况，对准备申请专利的项目是否具备新颖性进行较详细的调查。然而，现有技术涵盖范围广，除了专利文献、非专利文献、本专业的权威性期刊和专著等，还包括国内同行业的技术现状，所以，要对现有技术做出全面的调查是一项细致和烦琐的事情。

总之，对现有技术的调查是一个不可或缺的环节。申请人至少要检索一下专利文献，因为专利文献包含了国内外最新的技术情报，又有比较科学的分类方法，可以给申请人较大的帮助。申请人可以自己上网检索，调查国内外现有技术情况。另外，国家知识产权局下属的检索咨询中心提供有偿检索服务，如果申请人经济上许可，这是调查现有技术最省力的一个方法。

还要当心，有些公开将会丧失专利申请的新颖性。所以在专利申请以前，申请人应当对申请内容保密。如果在发明试验以及鉴定过程中有他人参与，应当要求相关人员也予以保密，必要时可以考虑签订保密协议。不要在申请之前发表论文，不要用于会议交流。对于由国务院主管部委或全国性学术团体组织主办的新技术、新产品鉴定会和技术会议，按照《专利法》第二十四条的规定，在会议后 6 个月之内提出申请的，不丧失新颖性。

2. 判断创造性

是否符合创造性的标准是指与现有技术相比，该发明是否具有突出的实质性特点和显著的进步，该实用新型是否具有实质性特点和进步。

所谓"突出的实质性特点"，是指发明与现有技术相比具有明显的本质区别，对于发明所属技术领域的普通技术人员来说是"非显而易见"的，不能直接从现有技术中得出构成该发明全部必要的技术特征。

假如只是通过逻辑分析、推理或者一般试验而得到，则该发明就不具备突出的实质性特点。

所谓"显著的进步"，是要从发明是否具有有益的技术效果来看，发明与现有技术相比具有更好的效果。包括：（1）发明克服了现有技术中存在的缺点和不足；（2）为解决某一技术问题提供了一种不同构思的技术方案；（3）代表某种新的技术发展趋势。

至于实用新型是否符合创造性的标准，相对于发明专利来讲，其要求要低一些。只要具有实质性特点和进步即可，不要求达到“突出”和“显著”。

3. 判断实用性

实用性是指该发明或者实用新型能够制造或者使用，并且能够产生积极的效果。具体包括：（1）能够制造或者使用；（2）能够产生积极的效果；（3）必须具有再现性。

详细内容请参阅本书第四章第四节。

专利申请以前，要掌握资料、了解现有技术。要做到“知己知彼”，对自己的发明创造做出一个分析判断。对于明显没有专利性的就不必提出申请了，以免浪费时间、精力和财力。

通过上述三方面的分析和判断，如果发明创造已经满足了上述“苛刻条件”，就可以考虑下一个问题了。

二、确定要不要申请专利

所谓的“要不要申请”，就是要认真评估这个发明创造是否值得我们去申请专利。

发明创造有没有价值：一是看它对未来的影响，例如某些开拓性发明以及有重大影响的发明可以影响到人类社会的发展、科学技术的进步；二是看其应用价值的大小，例如有些发明应用广泛，直接影响到人类的生活。

在申请专利之前，大学生要对发明创造的市场前景和经济收益进行分析、调研和预测，包括：（1）技术开发和技术市场的前景；（2）商品市场开拓的空间；（3）在取得专利权后，能否实施和转让，能否获得经济收益；（4）如果不去申请专利，可能会带来多大的损失。

如果上述情况弄不清楚就去申请的话，即使能够获得专利，也极有可能会做无用功，将造成时间、精力和财力的极大浪费。

申请专利需要从经济投入、申请时机等多方面进行认真考虑。

首先要算出自己的资金投入。申请专利必须缴纳申请费、审查费；如果被批准，还要缴纳专利登记费、年费（维持专利）等；委托专利代理机构的还要缴纳代理费，这一些加起来投资不算小。

第二，要对申请的时机做出选择。有人考虑在自身新产品上市之前（有利于自家的新产品垄断市场）；有人考虑在他人新产品上市之前（可以防止他人的市场垄断）；有人则选择在对手的新技术出现之前（考虑去抢占潜在的市场）。

第三，选择那些有价值的课题去做。在选择发明课题的时候，就要尽可能评估课题的价值。对于那些在任何领域都没有应用价值、没有人去使用的发明，就没有必要去申请专利。

三、确定申请专利的类型

接下来是要考虑申请什么类型专利（发明、实用新型或外观设计）的问题。有了发明创造的技术方案初步确定可以申请专利，如果具备取得专利权的可能性后，就必须确定申请专利的类型和确定要保护的主题类型。

重点要判断，是申请发明专利还是实用新型专利，或者同时申请发明专利和实用新型专利。

发明专利申请，既可以要求保护产品，也可以要求保护方法；而实用新型专利只保护产品，不能保护方法。因此，涉及的主题如果属于保护方法的，不属于实用新型保护客体的主题，则只能申请发明专利。

对于发明创造涉及的主题，需根据其技术方案的内容确定其是属于产品发明还是方法发明。如果该发明实质内容既可以描述成产品发明，又可以描述成方法发明，可以从商业目的出发并根据实际保护效果确定其要保护的主题，或者以哪一个为主。但是，当发明内容从实质上分析只可能是其中一种时，发明人应当做出正确的选择判断。

此外，发明专利申请需经过实质审查，所以获得权利的周期相对较长，其权利相对稳定，保护期限为20年；实用新型不要经过实质审查，申请周期相对较短，保护期限为10年；因此有人将发明创造既申请发明专利又同时申请实用新型专利，这种情况需要综合考虑技术方案的市场效益。

对于既申请发明专利又申请实用新型专利的情况，根据《专利法》第九条和《专利法实施细则》第四十一条的规定：同一申请人可以同日（指申请日）对同样的发明创造既申请实用新型专利又申请发明专利，但需要申请人在申请时分别说明对同样的发明创造已申请了另一专利。在这种情况下，如果先获得的实用新型专利权尚未终止，且申请人声明自发明专利申请授权之日放弃该实用新型专利权的，国家知识产权局可以授予发明专利权。

四、确定申请工作由谁来做

申请专利的途径有两种：自行申请或者委托专利代理机构代为申请。

（一）自行申请

申请人自己向国家知识产权局专利局提出申请。可以这么说，通过老师的指导，经过读书和训练，大学生自己完成这项工作没有问题。

对于专利文件的书写格式和撰写要求、专利申请的提交方式、费用情况和简要的审批过程等，必须做到心中有数。重点要了解缴费的期限、申请手续等，往往因为一个环节延误了没有做好，就有可能导致专利申请被视为撤回等法律后果。

根据《专利法》及相关规定，专利申请文件一旦提交以后，其修改不得超出原说明书和权利要求书记载的范围。所以，写好申请文件至关重要。假如说明书写得不好，将成为无法补救的缺陷，有可能还会造成很好的发明内容却得不到专利保护的后果。假如权利要求书写得不好，常常会限制专利权的保护范围。

正是因为撰写申请文件有很多技巧需要专门培训才能掌握，并且办理各种申请手续十分繁杂且要求很严格，所以，申请人在没有足够的把握时，也可以考虑委托专利代理机构办理专利申请手续，一般而言，其成功率要比申请人自己办理高得多。

（二）委托专利代理机构

专利申请是一项集技术与法律于一体的工作，涉及面广、环节多，需要仔细、有序处理。代理机构熟知整个申请程序，有专业的代理人从事服务，人手齐全、办事效率高，因此由其代为申请专利，将有利于争取最大的保护范围，提高专利的含金量；节省精力和时间，尽快地获得专利权。

1. 代理机构的选择

选择代理机构，通常考虑以下几个因素：

（1）正规机构：要选择国家/省市知识产权局审批成立的代理机构。不同的代理机构处于不同的发展阶段，我们要选择有完善管理制度、有标准质量管控体系、有完整专利撰写规程的代理机构。

（2）专业领域：专利申请涉及各个方面的技术，每一家代理机构都有其擅长的领域。在选择某家专利代理机构之前，可以先向老师和相关人士了解该代理机构或其代理人是否擅长处理本技术领域的专利案件。

（3）专利代理人：具体承办的专利代理人，是决定一个专利案件撰写质量的重要因素。如果知道某个专利代理人有较强的业务能力且专业背景适合，那么将案件委托给该代理人所在的机构并指定该代理人办理是最为合适的方法。代理人是否合适，要从服务态度、对技术的理解能力、能否与之顺畅沟通等多方面来考虑。

（4）其他：代理费用有高有低，要选择一个要价适中的代理机构。另外，从地理位置上考虑，要尽量选择当地的代理机构。发明人需要与专利代理人当面沟通，就近委托代理机构会给大家都带来方便。

2. 与专利代理机构办理手续

通过委托专利代理机构申请专利的，需要与专利代理机构签订专利代理委托书，填写发明人和申请人登记表，缴纳代理费和申请费等。

（1）专利代理委托书

外观设计、发明或者实用新型专利申请人若委托专利代理机构向专利局申请专利和办理其他专利事务，应当同时提交委托书，写明委托权限。

委托书应当使用专利局制定的标准表格，写明委托权限、发明创造名称、专利代理机构名称、专利代理人姓名，并应当与请求书中填写的内容相一致。在专利申请确定申请号后提交委托书的，还应当注明专利申请号。

申请人是个人的，委托书应当由申请人签字或者盖章；申请人是单位的，应当加盖单位公章，同时也可以附有其法定代表人的签字或者盖章；申请人有两个以上的，应当由全体申请人签字或者盖章。此外，委托书还应当由专利代理机构加盖公章。

申请人委托专利代理机构的，可以向专利局交存总委托书；专利局收到符合规定的总委托书后，应当给出总委托书编号，并通知该专利代理机构。已交存总委托书的，在提出专利申请时可以不再提交专利代理委托书原件，而提交总委托书复印件，同时写明发明创造名称、专利代理机构名称、专利代理人姓名和专利局给出的总委托书编号，并加盖专利代理机构公章。

(2) 专利申请人、发明人登记表

专利申请人、发明人登记表中的信息包括专利名称、专利类型、申请人名称、申请人组织机构代码、申请人地址、发明人姓名、第一发明人身份证号码、联系人姓名和联系电话等信息，并经申请人签字盖章后提交给专利代理机构。

五、确定申请文件是否完备

大学生申请专利，无论是自行申请还是通过委托专利代理机构申请，都要熟知专利申请流程（参阅第六章第一节），必须把申请文件准备齐全。

申请发明或者实用新型专利需要的文件包括请求书、说明书、说明书摘要和权利要求书，申请实用新型专利必须有说明书附图和摘要附图。

申请外观设计专利需要的文件包括：请求书、外观设计的图片或者照片、简要说明。

我们可以到国家知识产权局的网站（www. sipo. gov. cn）下载请求书、说明书等模板，所有文件需要按照规定的格式和要求进行撰写和准备。具体内容将在第六章中详细讲述。

专利申请可以通过纸质材料或者电子申请向国家知识产权局递交材料。目前，发明、实用新型、外观设计专利新申请均要求使用电子申请。纸质申请在任何审查阶段均可以转为电子申请。

专利电子申请网站（http：//www. cponline. gov. cn）是了解电子申请最新发展动态、获取电子申请资料和信息、下载电子申请使用工具、在线咨询问题的平台。访问电子申请网站可以了解电子申请相关的动态和重要通知公告，学习电子申请使用流程、下载电子申请有关的表格。中国专利电子申请网站首页，参见图5－1。

图5－1 中国专利电子申请网站页面

如果委托专利代理机构办理，申请人需要提交技术交底书。关于技术交底书的撰写，在本章第三节有详细叙述。

第二节 申请前专利文献的检索

【课程纲要】

课程目标：让大学生了解申请专利之前进行检索的必要性。熟知专利文献检索的常用方法；常用的专利数据库以及使用方法。

主要内容：专利检索方法，常用专利检索数据库。

教学安排：由任课老师确定课程类型及课时。安排检索专利文献的课堂训练并安排课后练习。

一、专利检索的意义

由于全世界专利众多，且具有优先权的特征，任何人都不能保证自己的想法是世界上独一无二的。我们能想到的发明，别人很有可能也会想到，所以任何个人和企业在申请专利前，都应该认真检索，看看自己的想法是否已经被别人实现，是否专利已经出现在世界各大专利局的数据库中而不自知。

专利研究和申请切不能存有侥幸心理。据不完全统计，各国因未查阅专利文献而使研究课题失去价值，每年造成的直接经济损失数以十亿计，间接损失就更大了。我国在20世纪80年代，大中型企业的近万个课题，约有三分之二是重复研究。

因此，专利申请前一定要高度重视专利文献的检索。专利申请前专利检索的作用和重要意义有以下几点：

（1）可以评价专利申请获得授权的可能性；

（2）帮助专利申请人更好地起草专利文件；

（3）申请前的初步专利检索还能完善申请方案；

（4）申请前的初步专利检索能节省时间和金钱。

二、专利检索的范围

专利申请前的检索主要包括专利检索和非专利检索。专利检索主要在专利文献中进行。根据PCT（专利合作条约）组织专利检索最低文献量的规定，PCT最低专利文献量包括1920年以来美国、英国、法国、德国、瑞士、欧洲专利局和世界知识产权组织出版的专利说明书，以及日本和俄罗斯的英文专利文献。PCT最低非专利文献则以PCT国际局公布的最低文献量期刊清单前5年发表的文献内容为范围。

此外，随着数字化技术和网络技术的迅速发展，网络资源作为人类知识宝库的一个重要组成部分，构成了发明技术“公知公用”不可忽略的一个重要组成部分，因此，网络公开的文献资源中与发明技术相关的部分，也可以作为专利检索的一个文献资源。

专利文献检索资源主要由各国政府知识产权局网站提供的各国专利数据库、国际或地区间专利合作组织网站的专利数据库、商业性检索系统的数据库等组成。条件允许的情况下，应首选数据库含量大、检索功能强的商业性检索系统专利数据库，如美国的 PQD（Proquest Dialog）、欧洲的 STN，两者都含有英国 Derwent 公司的世界专利数据库（简称 WPI）及相关的各国专利数据库。如果不具备使用商业性检索系统的条件，可选用各国政府知识产权局网站、国际或地区间专利合作组织网站提供的公益性专利数据库资源或检索工具，比如中国国家知识产权局政府网站专利库、欧洲专利局网站 espacenet 专利检索系统、美国专利商标局网站专利检索系统、日本特许厅政府网站专利检索系统等。

本节仅介绍一些常用的专利资源及其使用方法。

三、专利文献检索的基本方法

文献检索的方法很多，下面介绍常用的几种：

（一）布尔逻辑检索

布尔逻辑检索，也称作布尔搜索。严格意义上的布尔逻辑检索是指利用布尔逻辑运算符连接各个检索词，然后由计算机进行相应逻辑运算，以找出所需信息的方法。布尔逻辑运算符的作用是把检索词连接起来，构成一个逻辑检索式。

1. 逻辑“与”

用“AND”或“*”表示。可用来表示其所连接的两个检索项的交叉部分，也即交集部分。如果用 AND 连接检索词 A 和检索词 B，则检索式为 A AND B 或 A*B，表示让系统检索同时包含检索词 A 和检索词 B 的信息集合 C。

2. 逻辑“或”

用“OR”或“+”表示。用于连接并列关系的检索词，用 OR 连接检索词 A 和检索词 B，则检索式为 A OR B 或 A+B，表示让系统查找含有检索词 A、B 之一，或同时包括检索词 A 和检索词 B 的信息。例如，在标题/摘要字段输入 car or automobile or vehicle 进行检索，可能检索到包含 car 而不包含 automobile 或 vehicle 的专利。

3. 逻辑“非”

用“NOT”或“—”号表示。用于连接排除关系的检索词，即排除不需要的和影响检索结果的概念。用 NOT 连接检索词 A 和检索词 B，检索式为 A NOT B 或 A—B，表示检索含有检索词 A 而不含检索词 B 的信息，即将包含检索词 B 的信息集合排除掉。例如，如果想查找关于固定装置的专利，用 nail 进行检索，将生成一个同时还包含与 fingernail 有关的专利的结果列表。这种情况下，可以在标题/摘要字段中输入 nail NOT finger 以排除这些无关的专利文献。

4. 逻辑运算次序

在一个检索式中，可以同时使用多个逻辑运算符，构成一个复合逻辑检索式。复合逻辑检索式中，运算优先级别从高至低依次是 not、and、or，可以使用括号改变运算次序。

（二）截词检索

截词检索是预防漏检、提高查全率的一种常用检索技术，大多数外文数据库都提供截词检索的功能。截词是指在检索词的合适位置进行截断，然后使用截词符进行处理，这样既可节省输入的字符数目，又可达到较高的查全率。在截词检索技术中，较常用的是后截词和中截词两种方法。按所截断的字符数目来分，有无限截词和有限截词两种。截词算符在不同的系统中有不同的表达形式，常用的有?、$、* 等。需要说明的是并不是所有的搜索引擎都支持这种技术。

截词检索就是用截断的词的一个局部进行的检索，并认为凡满足这个词局部中的所有字符（串）的文献，都为命中的文献。按截断的位置来分，截词可分为后截词、前截词、中截词和复合截词四种类型：

（1）后截词，前方一致。如：comput? 表示 computer，computers，computing 等。

（2）前截词，后方一致。如:? computer 表示 minicomputer，microcomputer 等。

（3）中截词，中间不一致。如：organi? ation 表示 organisation，organization 等。

（4）复合截词，中间一致，如? comput? 表示 minicomputer，microcomputers 等。

截断技术可以作为扩大检索范围的手段，具有方便用户、增强检索效果的特点，但一定要合理使用，否则会造成误检。

（三）IPC 分类检索

IPC（International patent classification）国际专利分类，根据 1971 年签订的《国际专利分类的斯特拉斯堡协定》编制，是目前唯一国际通用的专利文献分类和检索工具。国际专利分类法主要是对发明和实用新型专利文献进行分类。用国际专利分类法分类专利文献（说明书）而得到的分类号，称为国际专利分类号。利用 IPC 分类号可以进行专利文献的分类检索。

IPC 分类表八个部涉及的技术范围：

——A 部：生活需要

——B 部：作业；运输

——C 部：化学；冶金

——D 部：纺织；造纸

——E 部：固定建筑物

——F 部：机械工程；照明；加热；爆破

——G 部：物理

——H 部：电学

一个完整的分类号由代表部、大类、小类、大组或小组的符号构成。例如：A01B 1/02。

部　A

大类　A01

小类　A01B

大组　A01B1

小组　A01B1/02

大多数专利数据库提供 IPC 分类导航，即利用 IPC 分类表中各部、大类、小类，逐级查询到感兴趣的类目，点击此类目名称，可得到该类目下的专利检索结果。有的系统在 IPC 分类导航检索的同时提供关键词检索，即在选中某类目下，在发明名称和摘要等范围内再进行关键词检索，可以提高检索的准确性。有的系统可以在 IPC 字段输入分类号直接进行检索，或与其他字段进行组配检索。

（四）字段检索

字段检索和限制检索常常结合使用，字段检索就是限制检索的一种，因为限制检索往往是对字段的限制。一般专利数据库都提供很多检索字段，主要包括主题（题名、关键词、摘要）；名字（发明人、专利权人）；号码（申请号、优先权号、公开号）；日期等，用户可根据已知条件，从多个检索入口做选择，进行单字段检索或多字段逻辑组配检索。

字段限制检索可以用来控制检索结果的相关性，以提高检索效果。

常用专利文献检索字段见表 5－1 所列：

表 5－1　常用专利文献检索字段中英文对照表

中文	题名	摘要	发明人	申请（专利权）人	申请号
英文	Title	Abstract	Inventor	Applicant	Application number
中文	申请日	公开（公告）日	优先权号	公开（公告）号	IPC
英文	Application Date	Publication Date	Priority number	Publication Number	IPC
中文	代理人	省市/国别代码	代理机构代码	主权项	
英文	Patent Agent	Province/Country Code	Patent Agency Code	claim	

字段检索步骤：

第一步：利用待查技术的若干主题词进行初步检索，找出部分文献，确定初步检索效果；

第二步：从文献中找出相关国际专利分类（IPC）号，对照国际专利分类表，找出最相关的 IPC 号；

第三步：根据 IPC 号和相关文献找出同义词、近义词，确定完整的检索式；

第四步：进行逻辑组配，在相关的专利数据库中检索，得到较完整的检索结果。

四、常用专利数据库及其使用方法

（一）国家知识产权局政府网站专利库

（http：//www. sipo. gov. cn/）

中国的公共检索资源包括专利检索与服务系统（公众部分）、中国专利检索系统、中国专利英文检索系统、中国专利法律状态检索系统、专利公开公告查询系统和中国专利查询系统（公众查询部分）六个系统，可以检索 100 多个国家、地区和组织的专利文献，以及中国专利的法律状态、同族、引文、对比文献等信息。

1. 专利检索与服务系统（公共部分）

（http：//www. pss-system. gov. cn/）

专利检索与服务系统收录了 100 多个国家、地区和组织的专利数据，检索语言为中文和英文，检索中国专利一般用中文，检索外国专利一般用英文。该系统于 2011 年 4 月 26 日开始面向公众提供服务，数据更新频率为周更新（中国专利数据每周六更新；外国专利数据每周三更新）。系统提供专利检索与专利分析两大类服务，其中检索服务提供常规检索、表格检索、批量下载等功能。专利分析服务只能在中文界面下使用。专利检索服务提供中英文两种界面语言，两种语言下的界面、检索数据范围和功能相同。注册用户可以获得更多权限。系统提供了详细的帮助文件，使用者可以在检索前系统学习。

图5-2是专利检索及分析系统检索截图。检索内容是2015年1月1日以来三星公司为专利权人、专利名称中有“手机”的专利。可以从中查看文献的详细信息、法律状况、申请（专利权）人基本情况等信息（见图5-3）。

图5-2　专利检索及分析系统表格检索中文界面

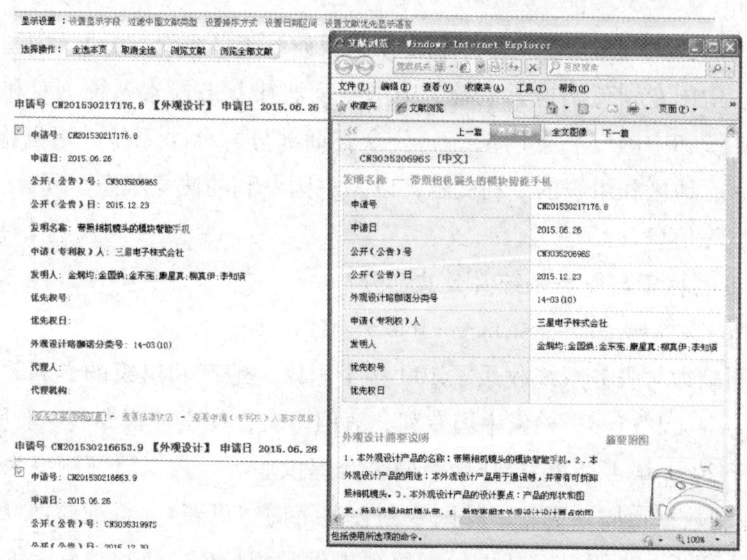

图5-3　查看文献详细信息

2. 中国专利公布公告

（http：//epub. sipo. gov. cn/gjcx. jsp）

中国专利公布公告收录了自1985年9月10日以来公布公告的全部中国专利信息，包括：发明公布、发明授权（1993年以前为发明审定）、实用新型专利（1993年以前为实用新型专利申请）的著录项目、摘要、摘要附图，其更正的著录项目、摘要、摘要附图（2011年7月27日及之后），以及相应的专利单行本（包括更正）；外观设计专利（1993年以前为外观设计专利申请）的著录项目、简要说明及指定视图，其更正的著录项目、简要说明及指定视图（2011年7月27日及之后），以及外观设计全部图形（2010年3月31日及以前）或外观单行本（2010年4月7日及之后）（均包括更正）；事务数据。截至2016年1月13日，已收录专利总数为15647361件。检索资源语种是中文（如名称、摘要、全文中出现英文或其他语言的词语，也可作为检索词输入），该系统提供专利检索和专利著录项目、摘要及说明书全文浏览功能。

IPC分类查询中，提供“输入关键词查分类号”和“输入分类号查含义”两项重要功能，给使用者提供很好的参考和帮助。确定了IPC分类号后，可以根据需要进一步检索，如图5-4所示。

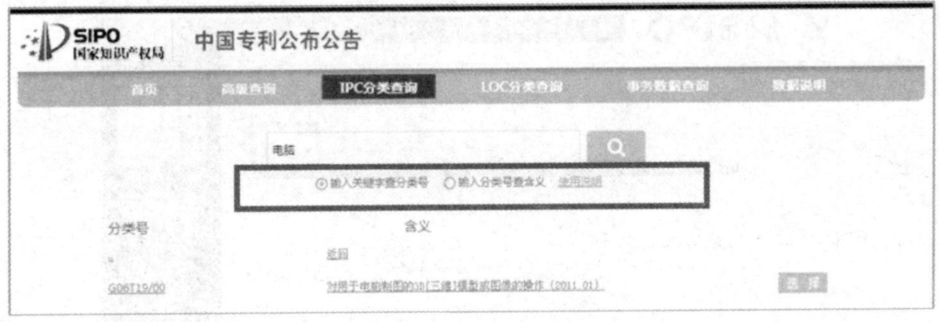

图5-4　关键词查分类号

中国专利公布模式包括列表模式和附图模式，列表模式链接有发明专利申请和事物数据，可以在线查看或下载。

3. 中国专利英文检索系统

（http：//211. 157. 104. 77：8080/sipo_ EN/search/tabSearch. do？method=init）

中国专利英文检索系统检索语种为英文。该系统收录1985年9月10日以来公布的中国发明和实用新型专利的著录项目和摘要的英文翻译。该系统提供专利检索、专利著录项目与摘要浏览，以及说明书、权利要求的在线英文机器翻译功能。中国专利英文检索系统提供高级检索和简单检索两种检索方式。首页中间是高级检索区域，页面右侧是简单检索区域。高级检索提供公开（公告）号（Publication Number）、公开（公告）日（Publication Date）、申请号（Application Number）、申请日（Application Date）、名称（Title）、摘要（Abstract）、IPC、申请人（Applicant）、发明人（Inventor）、代理人（Patent Agent）、代理机构代码（Patent Agency Code）、优先权（Priority）、省市/国别代码（Province/Country Code）等十三个检索入口。默认检索发明、实用新型两种专利，也可将检索范围限制为其中一种类型。在每个检索入口对应的检索框中输入检索词后即可进行检索，如在多个检索入口输入检索词，默认以逻辑“与”关系进行检索，也可使用布尔逻辑运算符构造检索式。简单检索仅提供单检索入口检索，提供名称（Title）、摘要（Abstract）、申请号（Application Number）、发明人（Inventor）、IPC、申请人（Applicant）等6个检索入口。检索方法请参考系统提供的“help”。如图5-5所示。

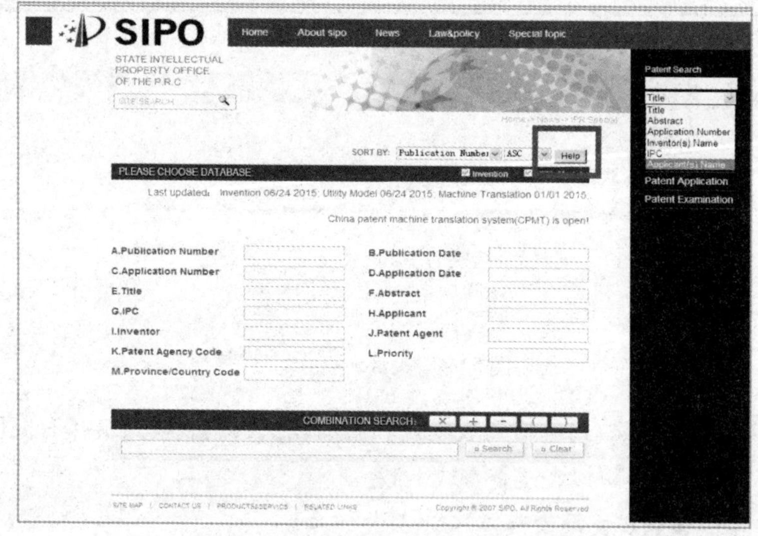

图5-5　中国专利英文检索系统界面

4. 中国及多国专利审查信息查询系统（公众查询部分）

（http：//cpquery. sipo. gov. cn）

中国专利查询系统的检索语种为中文（系统提供中、英、德、法、日、韩、俄及西班牙八种界面语言，检索只能使用中文）。该系统收录中国国家知识产权局已公布的发明专利申请，或已公告的发明、实用新型及外观设计专利申请的相关信息。申请日在2010年2月10日之后的申请可查看申请文件的图形文档。公众查询部分的数据更新频率为周更新。该系统提供专利申请查询、申请的基本信息、公布公告信息与审查信息浏览功能。

图5－6是2010年1月19日至2015年12月31日申请的名称中包括“手机”的发明专利的检索界面，检索结果可以查看专利的申请信息、审查信息、费用信息、发文信息、同组案件信息等。审查信息包括申请文件、中间文件和通知书等。

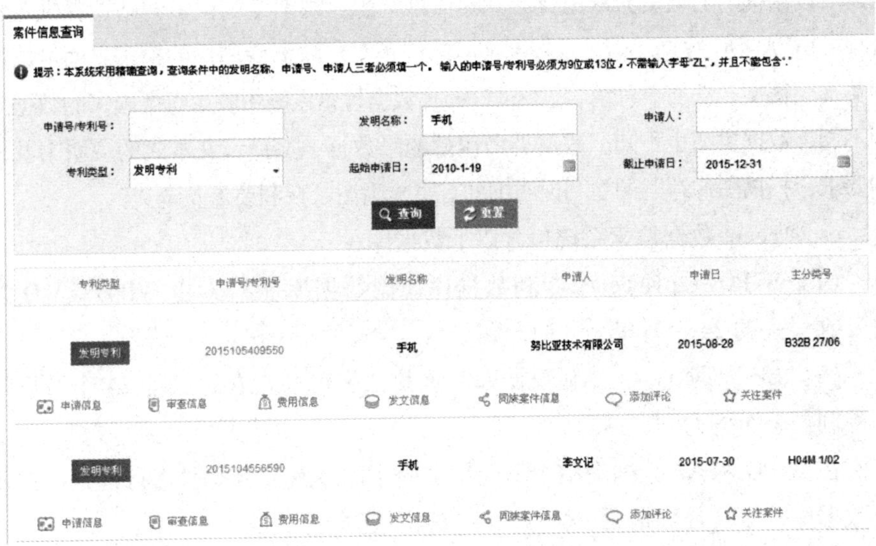

图5－6 中国专利审查查询系统

多国发明专利审查信息查询采用精确查询。检索字段包括号码类型（申请号、公开号和优先权号）、国别（中国、欧专局、日本、韩国和美国）、文献类型以及验证码，检索结果可以按照申请日和公开日进行排序。

（二）欧洲专利局网站 espacenet 专利检索系统

（http：//ep. espacenet. com）

欧洲专利局（EPO）是根据欧洲专利公约，于1977 年10 月7 日正式成立的一个政府间组织。其主要职能是负责欧洲地区的专利审批工作。欧洲专利局现有19 个成员国，欧洲专利覆盖到40 个国家。依照欧洲专利公约的规定，一项欧洲专利申请，可以指定多国获得保护。一项欧洲专利可以在任何一个或所有成员国中享有国家专利的同等效力。在这种情况下，可以简化在多国单独提交专利申请的手续，节约开支，方便申请人。欧洲专利局是世界上实力最强、最现代化的专利局之一，拥有世界上最完整的专利文献资源、先进的专利信息检索系统和丰富的专利审查、申诉及法律研究方面的经验。

自1998 年开始，欧洲专利局在Internet 网上建立了esp@ cenet 数据检索系统，用户可以便捷、有效地获取免费的专利信息资源。欧洲专利检索网站还提供专利公报、INPADOC 数据库信息及专利文献的修正等。欧洲专利局的检索界面可以使用英文、德文、法文三种语言。esp@ cenet 数据检索系统中收录每个国家的数据范围不同，数据类型也不同。数据类型包括题录数据、文摘、文本式的说明书及权利要求，扫描图像存贮的专利说明书的首页、附图、权利要求及全文。

esp@ cenet 数据检索系统包含以下数据库：

（1）WIPO-esp@ cenet 专利数据库：该数据库能检索由WIPO（WO 公开）在过去的24 个月里公开的专利申请。

（2）EP-esp@ cenet 专利数据库：该数据库可检索在过去的24 个月里欧洲专利局公布的专利申请。

在WIPO 和EP 数据库中，不能用文摘字段或欧洲分类号进行检索。这两个数据库的更新数据稍后也会在全球数据库里查到。

（3）Worldwide 专利数据库：收录90 多个不同国家和地区公开的专利申请的信息。该数据库以PCT 最低文献量为基础（PCT 最低文献量是由WIPO 定义的对为评估新颖性和独创性而用来检索现有技术文献的专利收集量的最低要求）。欧洲专利局已经扩大了内部数据库的覆盖范围，远远超出了PCT 最低文献量，并包括了其他国家和其他时期的数据。

目前新版 Espacenet v. 5 与老系统并行运转，不久老系统将关闭。新系统新增了“导出到 Excel”功能、RSS 订阅、查询历史等特色功能，新系统网址为：http：//worldwide. espacenet. com/。

1. 专利检索

Espacenet 提供 3 种检索方式，分别为 Smart Search（智能检索）、Advanced Search（高级检索）和 Classification Search（分类检索）。对于我国大学生来说，更加贴心的是，数据库可以提供中文使用界面，而且有中文帮助文件可以参考。

智能检索可以免费在超过 9000 万项专利数据库 worldwide 中进行检索，检索框最多可以输入 20 个检索词，但是，每个著录项不能超过 10 个检索词，检索词之间可以用空格或者合适的运算符分隔开。例如将检索式 ti = nail NOT ti = finger 输入到智能检索框，可以得到检索结果。只显示前 500 个检索结果，每页显示 25 条。

高级检索页面设置了一个数据库选择项（三个数据库：worldwide、EP、WIPO），默认数据库为 worldwide；10 种检索入口：发明名称中的关键词、发明名称或摘要中的关键词、CPC 分类号、IPC 分类号、申请号、公开号、公开日、优先权号、申请人、发明人。需要注意的是，三个数据库的检索字段不完全一致。

分类检索使用 CPC（Cooperative Patent Classification）分类，CPC 分类系统自 2013 年 1 月 1 日起投入使用，是由欧洲专利局和美国专利商标局在总结实践经验的基础上共同开发的分类系统。分类检索具体方法，可以参照分类检索页面左侧的“quick help”。

2. 检索结果显示

检索完毕，系统在窗口显示的检索结果主要有：检索结果列表、使用的数据库及与检索式相匹配的检索结果记录数。检索结果列表页面一次最多显示 25 件专利文献，通过跳转键可以显示更多文献；而用户一次检索只能提取的最大文献量为 500 件；检索结果列表可以选择多种排序方式；检索结果列表中仅能显示发明名称、公开信息、申请人、发明人和 IPC 分类号。

从检索结果列表中选取任一篇文献打开文献显示窗口，显示所选取文献的信息包括：著录项目（Bibliographic data）、文本形式的说明书（Description）、权利要求书（Claims）、说明书附图（Mosaics）、扫描图像原始全文说明书（Original document）、INPADOC 法律状态（INPADOC legal status）、参考文献（cited documents）、被引用文献（citing documents）及查找该专利的同族专利入口（View INPADOC patent family）等。系统还提供了将英文摘要翻译成法文或德文的功能。

点击文献显示窗口中的“Original document”，即可查看图像格式的专利全文；该页面能进行专利全文说明书的浏览、下载和打印。

点击文献显示窗口页面左侧的“View INPADOC patent family”项，即可获得该专利（包括该专利在内）的所有同族专利。

点击文献显示窗口左侧的“INPADOC legal status”项，即可获得该专利的法律状态信息列表。

使用 espacenet 专利检索系统可以在专利列表中存储文献。点击文献勾选框下的★（Add to patents list），即可存储该件文献。检索结果可以在线阅读，也可以导出 CSV 或 XLS 格式题录信息，还可以将检索结果的相关信息以 PDF 下载下来。

可以查看说明书、权利要求，下载缩略图。

数据库为中国使用者提供了中文界面，减少了不少语言障碍（见图 5－7）。

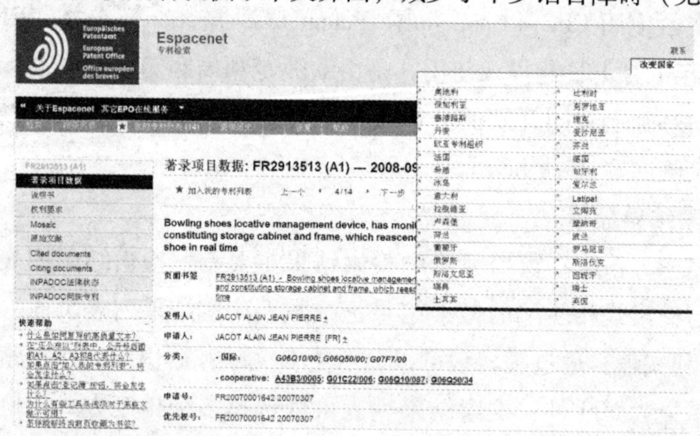

图 5－7　检索系统的中文界面

（三）其他外国国家数据库

1. 美国专利检索系统

（http：//patft. uspto. gov/）

美国专利商标局网站是美国专利商标局建立的政府性官方网站，该网站向公众提供全方位的专利信息服务。美国专利商标局已将1790年以来的美国各种专利的数据在其政府网站上免费提供给世界上的公众查询。该网站针对不同信息用户设置了专利授权数据库、专利申请公布数据库、法律状态检索、专利权转移检索、专利基因序列表检索、撤回专利检索、延长专利保护期检索、专利公报检索及专利分类等。数据内容每周更新一次。

2. 日本特许厅政府网站专利检索系统

（http：//www. jpo. go. jp/）

日本专利局已将自1885年以来公布的所有日本专利、实用新型和外观设计电子文献及检索系统通过其网站上的工业产权数字图书馆（IPDL）免费提供给全世界的读者。日本专利局网站中的工业产权数字图书馆被设计成英文版和日文版两种系统。

（四）商业数据库

1. SooPat专利数据搜索引擎

（http：//www. soopat. com/）

Soopat是一个专利数据搜索引擎。Soo为“搜索”，Pat为“patent”，SooPat即为“搜索专利”。SooPat本身并不提供数据，而是将所有互联网上免费的专利数据库进行链接、整合，并加以人性化的调整，使之更加符合人们的一般检索习惯。用户注册后，可以使用到SooPat的更多功能，如阅读下载专利文献、向专利行业的专家提问、结交朋友、分享新鲜事，还可随时随地用手机访问，参与互动。个人、企业以及专业人士可以通过淘宝购买的方式成为高级用户；高级用户的资费不同因而实现功能也不同。

SooPat开发了更为强大的专利分析功能，提供各种类型的专利分析，例如可以对专利申请人、申请量、专利号分布等进行分析，用专利图表表示，而且速度非常快。目前，该专利分析功能是免费的。

SooPat 包括“中国专利”和“世界专利”两部分。普通用户可在“中国专利”中检索，并可查看专利的题录、摘要、主权项以及法律状态等信息，注册用户可阅读、下载单篇专利，还可以使用系统提供的专利分析功能，高级用户才可以批量导出或下载专利。

SooPat 提供快速检索、表格检索和 IPC 分类检索三种检索方式。IPC 分类检索提供“输关键词查分类号”和“输分类号查含义”两种功能。如在 IPC 分类检索中输入“碳酸酯”就可以得到其分类号，见图 5-8。

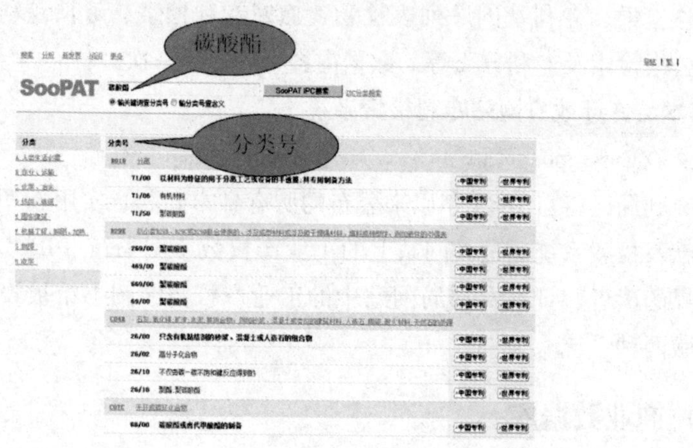

图 5-8　IPC 分类结果输出

SooPat 搜索技巧：

（1）通过申请（专利）号、公开号查询时，直接输入号码，前面不用加 ZL 或 CN。

（2）SooPat 会忽略“的”“地”“得”等字词，这类字词不仅无助于缩小查询范围，而且会大大降低搜索速度。这些词和字符称为忽略词。

（3）在一些情况下，SooPat 会对查询词进行适当拆分，以防止漏检，比如输入“航空航天动力”，会自动转换成“航空 AND 航天 AND 动力”来搜索。如不需要 SooPat 进行这种自动拆分，只需在查询词上加英文单引号，比如输入‘航空航天动力’，就不会被拆分开了。

（4）如果需要将查询词限定在某一字段内，可在这个查询词前加上字段限定符（注意字段后用英文冒号）。SQH：申请号；SQRQ：申请日期；MC：专利名称；ZY：摘要；SQR：申请人；DZ：地址；FMR：发明人；FLH：分类号；ZFLH：主分类号；GKH：公开号；GKRQ：公开日期；ZLDLJG：专利代理机构；DLR：代理人；LeiXing：专利类型。如：ZY：苹果，表示查询摘要里包括“苹果”这个词的专利。MC：塑料 AND FLH：C08F *，表示查询专利名称包含“塑料”，且分类号为“C08F”的专利。MC：塑料 AND FMR：许，表示查询专利名称包含“塑料”，且发明人包含“许”的专利。

2. Derwent Innovations Index（DII）

结合了来自 Derwent World Patents Index ® 和 Derwent Patents Citation Index ® 的专利信息资源，支持快速而精确的专利和引文检索，内容涵盖化学、电气、电子和机械工程等领域。

数据库回溯到 1963 年，到目前为止，数据库中共收录 1000 万个基本发明，2000 万项专利，可以总揽全球化学、工程及电子方面的专利概况。每周有 40 多个国家、地区和专利组织发布的 25000 条专利文献和来自于 6 个重要专利版权组织的 45000 条专利引用信息收录到数据库中。DII 提供全球收录最全面的专利引文信息，除 US 外，还包括 WO、EP、JP、DE、GB 的专利引文数据，能快速、准确、全面提供第一手技术创新信息。

DII 整合在 Web of Science 平台检索界面，提供符合研究人员习惯的灵活简洁的检索字段和界面，可以直接获取专利全文电子版，点击记录中专利号旁的“原文”按钮就可以得到专利全文的 PDF 版。

该数据库为商业数据库，有条件的同学可以学习参考在线大讲堂里的经典课程“利用德温特专利数据库寻找研发技术信息”中的视频或 PPT 课件，自己摸索 DII 专利检索的使用方法。

需要指出的是，检索是专利申请前的必要工作。大学生要有检索的意识，还要掌握一般的检索知识。

由于专利信息检索的专业性强、网络设备要求高，多数情况下大学生自己无法单独完成，建议委托专门机构如高校图书馆信息咨询、科技查新部门或专利代理机构来协助做好此项工作。

第三节 技术交底书的撰写

【课程纲要】

课程目标：让大学生明白撰写技术交底书的意义；掌握技术交底书的主要内容和撰写要求，注意撰写中常见的问题。

主要内容：技术交底书的作用；撰写技术交底书的要点。

教学安排：任课老师确定课程类型及课时，通过案例评析让学生掌握撰写要点。

一、概 述

技术交底书又称技术交底材料，它是发明人或申请人将自己希望申请专利的发明创造内容以书面形式提交给专利代理机构或是大学专利管理部门的文件。技术交底书是帮助专利代理人理解发明创造的关键，也是写好专利申请文件的基础。技术交底书记载了具体的发明创造名称、发明或实用新型所涉及的技术领域、相关的背景技术、发明内容、附图说明、实施例等。

其主要作用和类型如下：

（一）主要作用

技术交底书需要记载其发明创造的原始内容，阐明该技术的关键点，通过技术交底书将发明创造的内容传递给专利代理人。一份能够准确记载发明创造内容的技术交底书，不仅有利于发明人对自己的发明创造形成清楚、系统的认识，而且有利于专利代理人准确理解发明创造的构思，合理设计发明的保护范围，有效缩短申请专利的准备时间。

撰写专利申请文件的代理人通常不是该项技术的专家，对尖端技术不可能有详细了解。所以，专利代理人只有在发明人撰写的技术交底书的基础上，才能撰写出专利文件。因此，一个发明创造先要由发明人撰写技术交底书，再交给专利代理人加工（中间要与发明人沟通），才能完成专利申请文件的撰写工作。发明人对技术方案很熟悉，但是对专利申请流程不熟悉，而且多数人很难准确把握好专利授权的实质性要求以及答复和修改技术方案的技巧。因此，技术交底书成了发明人和代理人对话、沟通的“桥梁”。

对于专利代理人来说，拿到一份清楚、完整反映发明内容的技术交底书，可以加快对技术内容和发明创新点的理解和把握，减少代理人与发明人之间的沟通次数。专利代理人可以根据技术交底书的“素材”形成技术内容完整、权利要求保护范围恰当的专利申请文件（主要是说明书、权利要求书），使得该发明创造的技术创新成果有可能得到最大限度的保护。总而言之，一份合格的技术交底书，可以提高代理工作的效率，同时有利于专利申请的顺利审批。

（二）常见类型

根据技术内容和主体的不同，可以将技术交底书分为电子类、机械结构类、制造工艺类、软件方法类和生物化学类。

1. 电子类

电子类技术交底书主要涉及电子产品的电路原理框图、具体电路图等技术方案。

2. 机械结构类

机械结构类技术交底书主要涉及具体产品的整体结构或局部结构或局部结构之间的连接方式等技术方案。

3. 制造工艺类

制造工艺类技术交底书主要涉及产品生产制造的工艺或方法。

4. 软件方法类

软件方法类技术交底书主要涉及应用于计算机控制、网络等方面的技术方案。

5. 生物化学类

生物化学类技术交底书主要涉及包括化学物质发明、组合物发明、饮用品发明、农药发明、微生物及生物制品发明等在内的技术方案。

二、技术交底书的主要内容

一份完整的技术交底书，需要发明人提供以下六个方面的素材：

（一）名称

在技术交底书中，需要明确给出发明或者实用新型的名称。该名称要能体现出主题和类型（产品或方法）、反映出用途或者应用的领域，以利于专利申请的分类，例如一件包含拉链产品和该拉链制造方法两项发明的申请，其名称应当写成“拉链及其制造方法”。

采用所属技术领域通用的技术术语，最好采用国际专利分类表中的技术术语，不得采用非技术术语。名称中不得使用人名、地名、商标、型号或者商品名称等，也不得使用商业性宣传用语。一般不得超过25字。

（二）技术领域

在技术交底书中，应当给出发明创造的直接所属的或者直接应用的技术领域，而不是非其所属的或者广义的、相邻的技术领域。例如“荧光灯”属于照明设备领域。

如果对于该领域的划分不太熟悉，那就写出本发明创造用于什么地方、起什么作用，便于专利代理人理解。

（三）背景技术

撰写背景技术时，首先要描述和评价与发明创造相关的现有技术的现状。相关的现有技术可以通过专利检索或者阅读公开资料而得到。如果是专利检索到的专利文件，发明人可以提供相关的专利号或申请号；若是公开资料（如期刊、书籍等），发明人可以提供该资料的标题、详细出处。最好是将该文献的复印件提供给专利代理人。

对背景技术的介绍分成两块：

（1）先对现有技术做出详细介绍，例如主要的结构和原理，或者所采用的技术手段和方法步骤；

（2）再针对现有技术和本发明创造，客观地评价并指出现有技术存在的问题和缺点，或进一步分析出现这些问题和缺点的原因（为本发明做“铺垫”）。

需要强调的是，发明人指出的现有技术存在的技术问题，应当是本发明的技术方案能够解决的技术问题。然而，有人写背景技术“没有扣题”，尽管指出了现有技术中存在的许多问题，却把本发明的技术方案能够解决的那些问题“遗漏”了。有人对于现有技术的缺点没有客观看待，没有任何分析推理的过程，就断言其有缺点或者刻意夸大其缺点，这些都是不对的。

简单而言，写背景技术就是要准确描述相关的现有技术及其存在的缺点。对于专利代理人来说，将有助于理解技术方案、把握本申请的发明点和确定保护范围。

（四）发明内容

发明内容包括发明目的、技术方案及有益效果等。我们要从现有技术中发现技术问题，然后用技术方案去解决问题，从而获得有益效果。

1. 发明的目的——解决存在的技术问题

首先我们要针对背景技术所提到的现有技术的不足，提出发明目的，例如“本发明的目的，是要提供一种（具有某某功能）能解决某某技术问题的××××”。

发明目的一般只要简单列举即可，也可以尽可能多地列出，以供专利代理人参考。发明目的要针对解决现有技术中存在的问题，也就是要结合本发明或实用新型取得的效果提出所要解决的问题。

所要解决的技术问题应当按照如下要求撰写：

（1）要针对现有技术中存在的缺陷或不足；

（2）用正面的、简洁的语言，客观地描述本发明要解决的技术问题。

注意对所要解决的技术问题的描述不得采用广告式宣传用语。

2. 发明的核心——完整可行的技术方案

根据《专利法》和《专利法实施细则》的规定，专利申请的核心是要在说明书中公开的技术方案。实现发明目的必须有具体的技术方案和手段，要求清楚、完整、准确地加以描述以使本领域的普通技术人员能够实施为准。

在发明内容中要给出区别于现有技术的技术特征，并描述其在本发明创造中起的作用。对于产品发明来说，应该交代包括哪些部件、各部件之间的位置关系、连接关系、作用原理，以及各部分都起什么作用。对于工艺方法发明来说应该叙述包括哪些步骤、每个步骤的操作工序如何、各步骤的作用是什么等。

在描述技术方案时，可以结合一个或多个具体实现过程进行描述，并说明该技术方案中哪些结构或步骤是必不可少的，哪些结构或步骤是可选的。也就是说，在给出最优选的实现方式的同时，还可以给出非优选的多种可能的实现方案。发明人应该尽可能将所想到的各种实现情况都写上，从而便于专利代理人理解技术实质，便于对技术特征进行上位概括。

撰写技术方案常见的问题是：缺乏具体技术手段，纯功能性描述，方案不完整而无法实施等。

3. 发明的成效——具有可见的有益效果

有益效果是与现有技术做出比较的结果，也就是能解决技术问题而带来的效果。技术效果的描述不能凭空臆断出来，要结合技术内容中给出的具体方案，详细分析技术方案是如何解决技术问题而达到实际效果的。

通常，有益效果可以是产率、质量、精度、效率等的提高，能耗、原材料、工序的节省，加工、操作、控制、使用的简便，环境污染的防治或根除等，从多方面反映出来。

描述有益效果最好能量化——“用数据说话”，也可以对发明或实用新型的结构特点或作用关系进行分析或者用理论说明，不得断言其有益效果。引用实验数据说明有益效果时，应给出必要的实验条件和方法、试验例。另外，其有益效果是与现有技术进行比较而得出的，因此，现有技术已经实现的效果就不必赘述了。

撰写有益效果常见的问题是：只给出断言，不做具体分析；缺乏实验数据，或者没有给出实验手段和条件；结论不能从技术方案中合理导出。

（五）附图及附图说明

1. 附图

技术交底书附图的作用相当重要，常常需要用图示的形式来弥补技术交底书文字描述的不足，使他人（代理人、审查员等）更加直观地、形象化地理解发明或者实用新型的每个技术特征和整体技术方案。特别是机械和电学技术领域中的专利申请，技术交底书附图的作用尤其明显。与专利申请的说明书有所不同的是，为帮助专利代理人更直观地理解本发明，技术交底书中提供的附图可以是照片。

对于发明专利申请，用文字足以清楚、完整地描述其技术方案的，可以没有附图。但是，实用新型专利申请的技术交底书必须有附图。

根据发明创造的具体内容，附图可以采用简图、形状示意图、局部图、立体图等各种形式。给出的零件图、装配图、结构图、流程图、电路图、线路图等等，都要简单明了，并反映出发明创造点。

有时描述背景技术时也需要用到附图，这样可以更清楚直观地进行对比。

一件专利申请有多幅附图时，其附图标记应当一致。技术交底书文字部分中未提及的附图标记，不得在附图中出现；反之，附图中未出现的附图标记，也不得在技术交底书文字部分中提及。

在附图中除了必需的词语外，不应当含有其他的注释，如图5－9所示。但对于流程图、框图一类的附图，应当在其框内给出必要的文字或符号。

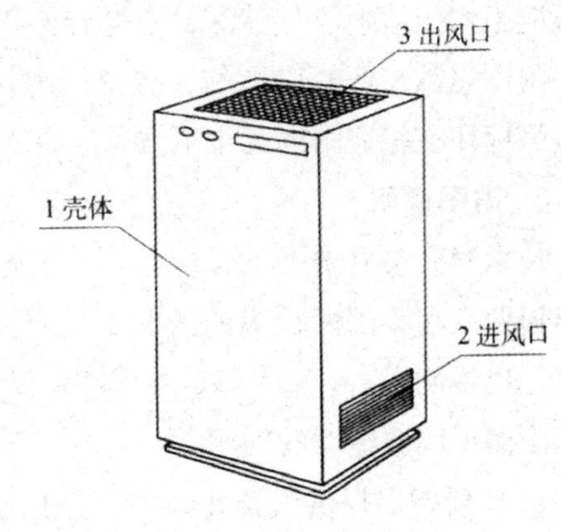

图5－9　家用空气净化设备的立体图

在附图中必须体现出本发明的发明点所涉及的各部件的组成及连接关系。

从图 5-10 中，可以看出进风口、出风口、风机、紫外灯等部件以及多层过滤网之间的位置关系等。

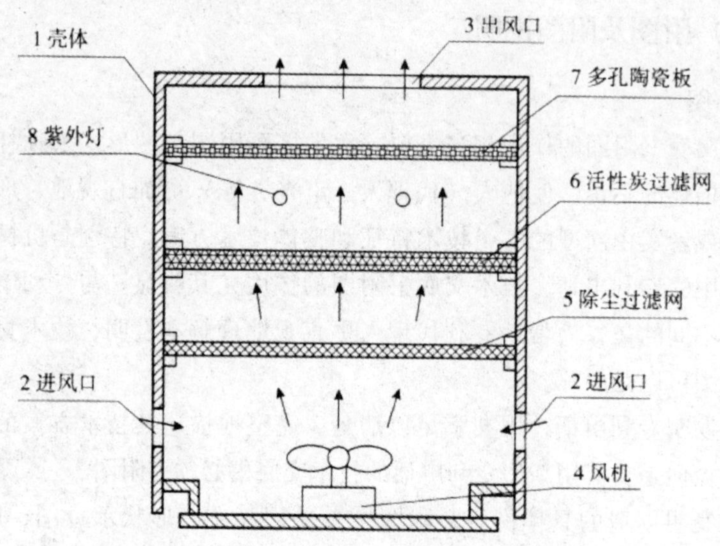

图 5-10　家用空气净化设备的正面剖视图

技术交底书附图应当使用包括计算机在内的制图工具和黑色墨水绘制，线条应当均匀清晰、足够深，不得着色和涂改，不得使用工程蓝图。

附图总数在两幅以上的，要使用阿拉伯数字顺序编号，例如图 1、图 2。该编号标注在相应附图的正下方。

2. 附图说明

技术交底书有附图的，应当写明各幅附图的图名，并且对图示的内容作简要说明。在零部件较多的情况下，允许用列表的方式对附图中具体零部件名称加以说明。

附图说明要注意的问题：

（1）要指出提供了哪几幅图，并且注意说明每幅图表示的主要内容；特别是结构上的剖面图，要指出是什么部件放在什么位置、对着什么方向的剖视图。

（2）附图说明要与文字对应，避免图是图、文字是文字，甚至图与文字互相矛盾。要求各附图的标号要统一。

（3）在流程图或电路图、程序方框图中不使用必要的文字说明，而用附图标记代替。

例如，某项发明名称为“一种家用空气净化设备”，其技术交底书包括两幅附图。这些附图的图面说明如下：

图 1 是家用空气净化设备的主视图；

图 2 是家用空气净化设备的正面剖视图。

（六）具体实施方式

实现发明或者实用新型的具体实施方式是技术交底书的重要组成部分，它对于充分公开、理解和实现发明或者实用新型都是极为重要的。因此，技术交底书应当详细描述优选的具体实施方式。

实施例应当具体地描述本发明所需的一切必要条件，如参数、材料、设备、工具等，以及必要的规格、型号；如果其中使用新物质或者自己制备的材料，还应当说明其制造方法。在描述时，应该与附图对应一致。

实施例的描述应当详细，至少要达到使本领域普通技术人员按照所描述的内容能够实施或再现其发明或实用新型的程度。如果有多种实施方式可以实现发明的目的，就应该描述多种实施例。

对于具体实施例的描述应当避免使用功能性描述，即只描述有什么功能而不对实现功能的方式方法进行描述。

如技术方案比较简单，具体实施方案可以与发明内容结合在一起写。

通常情况下，代理机构都会给发明人提供一个技术交底书的模板，要求发明人按照模板的要求进行填写。所有模板的基本内容大致相同，表 5－2 给出了技术交底书的一种模板，可供读者参考。

第一，该模板为“填表式撰写”，在填写时不得缺项。具体的内容如发明创造的名称、所涉及的技术领域、相关的背景技术、发明内容（问题、方案、效果）、附图及附图说明等，一项也不得少。

第二，该模板采用了“提醒/问答”方式。大学生在撰写时，要认真对待表格中所有的问号，必须把这些问题全部考虑到、逐一处理好。

表5-2　技术交底书（技术交底材料）模板

发明名称	□ 是通用名称吗？ □ 该名称能反映出本发明的主要特征和功能吗？
技术领域	□ 本发明所属的技术领域是什么？ □ 本发明将用于什么地方、能起到什么作用？
背景技术	□ 您检索到与本发明最相关的对比文件了吗？ □ 您能列出专利文献的出处吗？ □ 背景技术的现状是什么？ □ 您能准确描述现有技术存在着哪些问题和不足吗？
发明点	□ 您是为了解决什么问题才有这个发明想法的？ □ 想要达到什么发明目的？ □ 对于发明的关键点和保护点，能否表述清楚？

（续表）

<table>
<tr><td rowspan="6">发明内容</td><td>1. 要解决的技术问题</td></tr>
<tr><td>□ 相对于现有技术，本发明解决了什么技术问题？</td></tr>
<tr><td>2. 所采用的技术方案</td></tr>
<tr><td>□ 技术方案的主题明确吗？
□ 您对技术方案（特别是改进部分）的阐述清楚吗？
□ 技术方案完整吗？
□ 写出该技术方案的原理了吗？
□ 该技术方案能够实现吗？
□ 是否具有不同的、可变通的、可替代的实施例？</td></tr>
<tr><td>3. 能获得的技术效果</td></tr>
<tr><td>□ 您对所获得的有益效果，其描述清楚、准确吗？
□ 采用的技术方案与产生的有益效果，它们之间有关系吗？
□ 具有商业价值吗？</td></tr>
<tr><td rowspan="2">附　图
及说明</td><td>□ 您画出的附图能反映出本发明的技术特征吗？
□ 附图是否清楚、明了？
□ 它与技术交底书的描述吻合吗？</td></tr>
<tr><td>□ 附图说明与前面的文字描述对应吗？</td></tr>
</table>

三、技术交底书的撰写要求

在撰写技术交底书时，应当尽量用词规范，语句清楚。内容应当明确，无含糊不清或者前后矛盾之处，使所属技术领域的技术人员容易理解。技术交底书中使用的技术术语与符号应当前后一致。

专利代理人收到技术交底书，进行阅读时，往往会发现对于同一部件的命名前后不一致、语句不通顺、逻辑性不强等问题。有些问题看起来虽然小，但在实际处理过程中专利代理人将会花费大量时间，影响专利申请的效率。因此，在准备提交材料时，有关词语表述方面的问题也必须引起注意。

我们提交的技术交底书，就是发明人提供给专利代理人的撰写说明书、权利要求书等重要申请文件的素材。《专利法》第二十六条规定，专利申请文件中的说明书应当对发明或者实用新型作出清楚、完整的说明，以所属技术领域的技术人员能够实现为准。

因此，提交的技术交底书作为基本素材，也务必对发明或者实用新型作出清楚、完整的说明，应当达到所属技术领域的技术人员能够实现的程度。也应当满足充分公开发明或者实用新型的要求。

下面从清楚、完整、能够实现三个方面，结合《专利审查指南》对说明书的要求来强调技术交底书的撰写要求。

1. 清楚

（1）主题明确。技术交底书应当从现有技术出发，明确地反映出发明或者实用新型想要做什么和如何去做，使所属技术领域的技术人员能够确切地理解该发明或者实用新型要求保护的主题。换句话说，技术交底书应当写明发明或者实用新型所要解决的技术问题以及解决其技术问题采用的技术方案，并对照现有技术写明发明或者实用新型的有益效果。并且，这些技术问题、技术方案和有益效果应当彼此呼应，不得出现相互矛盾或不相关联的情形。

（2）表述准确。技术交底书应当使用发明或者实用新型所属技术领域的技术术语。技术交底书的表述应当准确地表达发明或者实用新型的技术内容，不得含糊不清或者模棱两可，以致所属技术领域的技术人员不能清楚、正确地理解该发明或者实用新型。

2. 完整

一份完整的技术交底书应当包含下列各项内容：

（1）所有能帮助理解发明或者实用新型不可缺少的内容。例如，有关所属技术领域、背景技术状况的描述以及附图和附图说明等。

（2）实现发明或者实用新型所需的内容。例如，为解决发明或者实用新型的技术问题而采用的技术方案的具体实施方式等。

总之，凡是所属技术领域的技术人员不能从现有技术中直接、唯一地得出的有关内容，均应当在技术交底书中予以描述。

3. 能够实现

所属技术领域的技术人员能够实现，是指所属技术领域的技术人员按照技术交底书记载的内容，就能够实现该发明或者实用新型的技术方案，解决其技术问题，并且产生预期的技术效果。

技术交底书为专利代理人形成专利申请文件提供技术素材和依据。技术交底书便于专利代理人和发明人之间的沟通，便于专利代理人理解发明创造的内容，撰写出合格的专利申请文件。技术交底书虽然不是最后的申请文件，但是技术交底书和专利申请文件在很多方面有着共同的特点。对于技术交底书的撰写要求，与《专利法》中的对于发明和实用新型说明书的要求是一致的。说明书应当对发明或者实用新型做出清楚、完整的说明，以使得本领域的技术人员能够实现为准。

四、技术交底书的实例评析

技术交底书是记载发明创造具体内容的文件，包括发明创造名称、技术问题、技术内容和有益效果。通过上述各部分的描述，使得专利代理人能够准确地理解发明创造的内容。

下面以2013年全国专利代理人考题中的一份技术交底书（有删节）为例，看看各部分的具体内容是如何撰写的。

【技术交底书】

我公司致力于大型公用垃圾箱的研发与制造，产品广泛应用于小区、街道、垃圾站等场所。经调研发现，市场上常见的一种垃圾桶/箱，在桶体内设有滤水结构，能够分离垃圾中的固态物和液态物，便于垃圾清理和移动（参见对比文件1）。但是垃圾内部仍然残存湿气，尤其是对于大型垃圾桶/箱，其内部由于通风不畅容易导致垃圾缺氧而腐化发臭，不利于公共环境卫生。有厂家设计了一种家用垃圾桶，其桶底设有孔，方便空气进出（参见对比文件2）。

在上述现有技术的基础上，我公司提出改进的大型公用垃圾箱。

一种大型公用垃圾箱，主要包括箱盖 1、上箱体 2 和下箱体 3。箱盖 1 上设有垃圾投入口 4。上箱体 2 和下箱体 3 均为顶部开口结构，箱盖 1 盖合在上箱体 2 的顶部开门处，上箱体 2 可分离地安装在下箱体 3 上，上箱体 2 的底部为水平设置的滤水板 5。在下箱体 3 的侧壁上部开设有通风孔 6。通风孔 6 最好为两组，并且分别设置在下箱体 3 相对的侧壁上。如图 1（立体图）和图 2（剖视图）所示。

在使用时，当垃圾倒入垃圾箱后，其中的固态物留在滤水板 5 上，而液态物则经滤水板 5 进入下箱体 3，从而上箱体 2 内部构成固体垃圾存放

本发明的名称是什么？

本发明用在什么地方？

[背景技术]
别人是如何做的？

为什么我们还要做？

[技术问题]
现有技术存在哪些缺点？

对比文件 1、2 是专利文献，属于现有技术。

本发明要求保护的主题。

[技术方案]
本发明是如何做的？

详细介绍本产品各个部件的名称、形状、结构、组成及其功能等；并描述其连接关系。

需要提供附图，并作对应说明。

讲述其使用或者运行的过程，并简单说明其技术原理。

区，下箱体 3 内部构成液体垃圾存放区。空气从通风孔 6 进入下箱体 3，会同垃圾箱内的湿气向上流动，依次经上箱体 2 的滤水板 5 和固体垃圾存放区，最终从垃圾投入口 4 向外排出。在设置了相对的两组通风孔 6 的情况下，空气还可以从一侧的通风孔 6 进入，从另一侧的通风孔 6 排出。通过设置在下箱体 3 的侧壁上部的通风孔 6 以及在箱盖 1 上的垃圾投入口 4，垃圾箱内产生由下而上的对流和内外循环，从而起到防止垃圾腐化，减少臭味，提高环境清洁度的作用。

[有益效果]
本发明实现什么功能？带来什么好处？

当上箱体 2 内堆积的垃圾较多时，空气流动受到阻碍，不利于湿气及时排出。为解决该问题，进一步提高通风效果，如图 2 所示，在上箱体 2 的侧壁内侧设置多个竖直布置的空心槽状隔条 7，其与上箱体 2 的侧壁之间限定形成多个空气通道。空心槽状隔条 7 上端与上箱体 2 的上边缘基本齐平，以避免空气通道的入口被垃圾堵塞；下端延伸至接近滤水板 5。

解决了哪些技术问题？

在使用时，空气从通风孔 6 进入下箱体 3，会同垃圾箱内的湿气向上流动，由于受到上箱体 2 内固体垃圾的阻碍，部分气体从空心槽状隔条 7 与滤水板 5 之间的缝隙进入到空心槽状隔条 7 中，并沿着空心槽状隔条 7 与上箱体 2 的侧壁之间形成的空气通道向上流动，最终从垃圾投入口 4 向外排出。

讲述其改进的技术方案，并结合技术原理进行说明。

此外，也可以在上箱体 2 的侧壁上设置其他通风结构（例如通风孔）或者将两种通风结构组合在一起使用。

我公司还准备充分利用公用垃圾箱进行广告宣传，通过在箱体的至少一个外侧面上印上商标、图形或文字，起到广告宣传的作用，同时又美化了城市环境。这种广告宣传方法具有成本低廉、应用范围广的优点。

利用公用垃圾箱进行广告宣传的方法是一种创意，但其解决的不是技术问题，不构成技术方案，因此它不属于发明创造的范畴。

[附图]

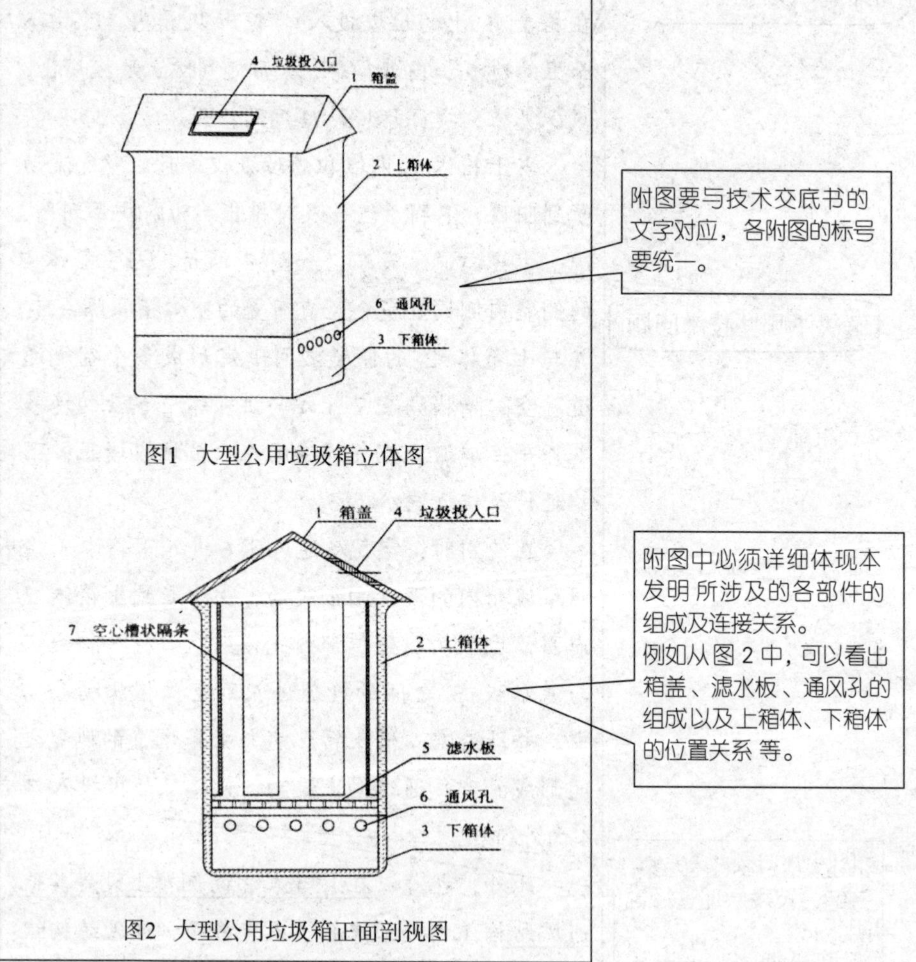

图1 大型公用垃圾箱立体图

图2 大型公用垃圾箱正面剖视图

五、技术交底书撰写中的常见问题

首先要强调说明的是，专利代理机构不是简单的“二传手”，专利代理人也不是只把文件整理一下的“装订机”。技术交底书到手后，专利代理人要理解技术交底书的实质内容，为开始撰写权利要求书以及说明书做好准备。他们需要完成下述几个方面的工作：

（1）要从技术交底书中排除明显不能获得专利保护的主题；

（2）要判断技术交底书是否有该发明创造所需的实质内容；

（3）要确定申请专利的类型以及要求保护的主题；

（4）要分析、研究现有技术，排除明显不具备新颖性、创造性的主题。

当专利代理人综合考虑上述问题之后，才能动手撰写专利申请文件，包括权利要求书、说明书、摘要、摘要附图和说明书附图。所以，大学生提供技术交底书时，要考虑到如何配合专利代理人做好各方面的工作。

属于专利代理人要做的事情有很多：如果技术交底书不能满足前述各部分的撰写要求，专利代理人可以进行修正；假如发明的名称不适合或者不贴切的，专利代理人可以根据对技术内容理解，重新修改发明创造的名称；倘若对技术问题描述不合适，只要技术方案和技术效果部分清楚，专利代理人也可以根据技术方案和技术效果相应地找出其技术问题。

但是，技术交底书不能在具体的技术内容和技术效果上出现问题，这将影响到申请文件的撰写，甚至无法进行专利申请。

常见问题包括以下三点：

【问题1】 只有发明目的，没有技术方案，导致所述技术领域的普通技术人员无法实现。

例如，技术方案中只是提到利用软件程序实现了特殊的目的，但是对于软件如何执行加载动作的具体流程，软件和硬件的配合处理步骤等，这些与技术方案密切相关的内容没有描述。整个技术交底书只给出了目的、功能，没有给出技术方案。

这个需要退回重写技术交底书。发明人对于技术方案需要进一步细化，详细给出：技术方案的技术要素，技术要素之间的联系，实现技术的具体方法步骤。总之，要提出能解决技术问题、实现功能的详细的技术方案。

【问题2】 技术方案描述过于简单，导致所述技术领域的技术人员无法实现该技术方案。

例如，技术方案中只给出通过在吸尘器的底座上设置转动的马达，在吸尘器中增加电路，驱动底座上的马达转动，实现遥控器对吸尘器进行旋转控制，以解决现有的吸尘器的转动角度、需要外力实现、操作不方便的问题。但是，给出的技术方案中，对于马达设置的位置、控制的过程、电路的设置都没有做出描述，导致本领域的技术人员实施本技术方案时，采取的方式不确定，本领域的技术人员无法实施该技术方案。

这份技术交底书需要退回重写。发明人应当从底座设计的机械机构、电路机构、软件的控制流程等多个角度考虑具体的实现方法，最终给出一个清楚的技术方案，让本领域的技术人员不用猜测和推断，就可以直接实施该技术方案。

【问题3】 还有一些技术交底书十分简单，本发明的技术方案部分只有寥寥数行文字，然后就得出本发明可以解决现有的技术问题，达到怎样的技术效果的结论。

这样描述的技术方案，无法满足《专利审查指南》所规定的公开充分的要求。按照规定，对于凡是所属技术领域的技术人员不能从现有技术中直接、唯一地得出的有关内容，均应当在说明书中描述。因此，当专利代理人发现技术交底书存在这样的问题时，都会要求发明人补充相应的内容。

技术交底书要使专利代理人能看懂，尤其是背景技术和详尽的技术方案，一定要写得全面、清楚，并要及时与代理人沟通，对于代理人提出的疑问应认真解释，要求补充的材料应及时补充。

第六章

专利申请的流程及文件撰写

习　题

【思考题】

1. 专利申请的基本流程是什么？
2. 专利申请的初步审查有哪些内容？
3. 专利申请的实质审查有哪些内容？
4. 如何办理专利登记手续？
5. 请求书主要包括哪些内容？
6. 说明书包括哪几部分？为什么说它在发明或实用新型专利申请文件中非常重要？
7. 权利要求书的实质要求是什么？
8. 外观设计专利申请文件有哪些？其简要说明包括哪些内容？

【实训题】

1. 分组讨论题目："谈谈专利申请文件撰写的难点和重点"

2. 根据第五章第四节（170～172 页）提供的技术交底书，请您撰写一份权利要求书。

第一节　专利申请基本流程

【课程纲要】

课程目标：让大学生了解申请专利的一般流程。在递交申请、受理、缴费、接受审查和办理登记手续等一系列过程中，遵照规定、认真办理。

主要内容：递交申请；受理；缴费；初步审查和实质审查；办理登记手续。

教学安排：由任课老师确定课程类型及课时。

专利申请人若想要获得一项专利权，首先需要根据《专利法》和《专利法实施细则》的规定，按照要求向国家知识产权局提交载有发明创造内容的专利文本。在申请人提交专利文本之后，国家知识产权局将按照相关法律对提交的专利文本进行审批，并下发相关通知书，申请人在相关通知书的指引下依据《专利法》及其实施细则办理各种与该专利申请有关的事务。申请人向专利局提出专利申请以及在专利审批程序中办理相关专利事务，统称为专利申请手续。

一、递交申请

发明或者实用新型的专利申请人应当采用纸件形式或者电子申请的形式向国家知识产权局提交符合《专利法》第二十六条规定的请求书、说明书、权利要求书、说明书附图、摘要和摘要附图。

请求书中写明该项发明名称、申请人姓名、申请人类型、申请人身份证号或者组织机构代码、申请人所在国籍或者注册国家、申请人地址、申请人邮政编码、发明人姓名、第一发明人身份证号。如若未委托专利代理机构的应该填写联系人、联系人地址、联系人邮政编码、联系人电话；如若委托代理机构、应该填写代理机构名称、代理机构代码、代理人姓名、代理人执业证号、代理人联系方式。填写申请文件清单和附加文件清单，并注明权利要求项数。

如果申请针对同一项发明创造既申请了发明专利也申请了实用新型专利，应该分别在发明专利请求书和实用新型请求书中勾选同日申请选项；发明专利申请请求书中还涉及其他内容，如涉及分案申请、生物材料保藏、遗传资源来源披露、优先权声明等，应在选项中填写或者勾选相应内容；如果涉及序列表的，除了勾选相应选项还应该提交核苷酸或氨基酸序列表；如果专利申请人想在发明专利申请后即进入公开准备阶段而不是等到15个月后，应该勾选提前公布选项。

同时，专利申请人还应该提交办理申请的证明文件或附件文件。如果由代理机构代理，需要提交加盖有申请人公章和专利代理机构公章的专利代理委托书，其中公章名称应与请求书中的名称一致；如果在提前公开的前提下想在公开之后进入实质审查程序，还需要提交实质审查请求书；如果涉及核苷酸序列的，还应该提交与申请文件中的序列表相一致的计算机可读形式的副本；如果涉及微生物菌种保藏，还应该提交由国家知识产权局认可的菌种保藏单位出具的菌种保藏证明和存活证明。

二、受　理

专利申请人按照《专利法》《专利法实施细则》和《专利审查指南》的要求提交专利申请文件、附加文件和证明文件，并且不存在以下不予受理的情况，专利申请将进入受理程序：

（1）发明专利申请缺少请求书、说明书或者权利要求书的；实用新型专利申请缺少请求书、说明书、说明书附图或者权利要求书的；外观设计专利申请缺少请求书、图片或照片或者简要说明的。

（2）未使用中文的。

（3）符合不予受理条件的。

（4）请求书中缺少申请人姓名或者名称，或者缺少地址的。

（5）外国申请人因国籍或者居所原因，明显不具有提出专利申请的资格的。

（6）在中国内地没有经常居所或者营业所的外国人、外国企业或者外国其他组织作为第一署名申请人，没有委托专利代理机构的。

（7）在中国内地没有经常居所或者营业所的香港、澳门或者台湾地区的个人、企业或者其他组织作为第一署名申请人，没有委托专利代理机构的。

（8）直接从外国向专利局邮寄的。

（9）直接从香港、澳门或者台湾地区向专利局邮寄的。

（10）专利申请类别（发明、实用新型或者外观设计）不明确或者难以确定的。

（11）分案申请改变申请类别的。

专利申请进入受理程序后，国家知识产权局审查员根据要求将会进行以下工作：

（1）确定收到日：根据文件收到日期，在文件上注明受理部门收到日，以记载受理部门收到该申请文件的日期。

（2）核实文件数量：清点全部文件数量，核对请求书上注明的申请文件和其他文件名称与数量，并记录核实情况。对于涉及核苷酸或者氨基酸序列的发明专利申请，还应当核实是否提交了包含相应序列表的计算机可读形式的副本，例如光盘或者软盘等。

（3）确定申请日：向专利局受理处或者代办处窗口直接递交的专利申请，以收到日为申请日；通过邮局邮寄递交到专利局受理处或者代办处的专利申请，以信封上的寄出邮戳日为申请日；寄出的邮戳日不清晰无法辨认的，以专利局受理处或者代办处收到日为申请日，并将信封存档。通过速递公司递交到专利局受理处或者代办处的专利申请，以收到日为申请日。通过专利电子申请系统提交的专利申请，以系统提交日为申请日。

（4）给出申请号：按照专利申请的类别和专利申请的先后顺序给出相应的专利申请号，号条贴在请求书和案卷夹上。

（5）记录邮件挂号号码：通过邮局挂号邮寄递交的专利申请，在请求书上记录邮寄该文件的挂号号码。

(6) 审查费用减缓备案：申请人在请求书上勾选“请求费减且已完成费减备案资格”；审查员核查其是否完成备案。

(7) 采集与核实数据：依据请求书中的内容，采集并核实数据，打印出数据校对单，对错录数据进行更正。

(8) 发出通知书：将专利申请受理通知书、缴纳申请费通知书或者费用减缓审批通知书送交申请人。专利申请受理通知书至少应当写明申请号、申请日、申请人姓名或者名称和文件核实情况，加盖专利局受理处或者代办处印章，并有审查员的署名和发文日期。

缴纳申请费通知书注明了申请人应当缴纳的申请费、申请附加费和在申请时应当缴纳的其他费用，以及缴费期限；同时写明缴纳费用须知。费用减缓审批通知书注明了包括费用减缓比例、应缴纳的金额和缴费的期限以及相关的缴费须知。

(9) 扫描文件：对符合受理条件的专利申请文件应当进行扫描，并存入数据库。电子扫描的内容包括申请时提交的申请文件和其他文件。此外，专利局发出的各种通知书（如专利申请受理通知书、缴纳申请费通知书或者费用减缓审批通知书）的电子数据，也会保存在数据库中。

三、缴　费

申请费的缴纳是有期限的，要按规定缴纳。与申请费同时缴纳的费用还包括发明专利申请公布印刷费、申请附加费；要求优先权的，应同时缴纳优先权要求费。未在规定的期限内缴纳或缴足的，专利申请将视为撤回。

1. 缴费项目和期限

申请人应该在专利申请日起两个月内，或者自收到受理通知书之日起15日内缴纳专利申请费，申请提前公布的也应同时提交公布印刷费。

申请人申请优先权的，应该缴纳优先权要求费，该项费用的数额以作为优先权基础的在先申请的项数计算。

当申请文件的说明书（包括附图、序列表）页数超过30页或者权利要求超过 10 项时需要缴纳的费用，申请人还应该缴纳申请附加费，该项费用的数额以说明书页数或者权利要求项数计算。

未在规定的期限内缴纳或者缴足申请费（含公布印刷费、申请附加费）的，该申请被视为撤回。未在规定的期限内缴纳或者缴足优先权要求费的，视为未要求优先权。

实质审查费的缴纳期限是自申请日（有优先权要求的，自最早的优先权日）起三年内。该项费用仅适用于发明专利申请。

2. 缴费方式

申请人可以通过面交、邮局汇付或者电子转账的形式缴纳相关费用。

申请人通过面交的可以向国家知识产权局收费处或专利局代办处缴纳相关费用。

申请人将费用通过银行汇付，应该提供银行的汇款单复印件、汇款日期、所缴费用的申请号（或专利号）以及各项费用名称和分项金额、汇款人姓名（名称）、缴费人的详细地址及邮编等信息，以银行实际汇出日为缴费日。汇款银行是中华人民共和国国家知识产权局专利局开户单位或者各地代办处开户银行。

申请人通过邮局汇付的，且在汇单上写明申请号（或专利号）以及费用名称的，以邮局取款通知单上的汇出日为缴费日。通过邮局汇款的，一个申请号（或专利号）应为一笔汇款。邮局取款通知单上的汇出日与中国邮政普通汇款收据上收汇邮戳日表明的日期不一致的，以当事人提交的中国邮政普通汇款收据原件或者经公证的收据复印件上表明的收汇邮戳日为缴费日。

费用通过邮局或者银行汇付，未写明申请号（或专利号）的或者提供的信息不能判定该笔费用的用途时，费用将被退回或者暂存。费用退回或者暂存的，视为未办理缴费手续。

3. 费用减缓备案

《专利法实施细则》第一百条规定：“申请人或者专利权人缴纳本细则规定的各种费用有困难的，可以按照规定向国务院专利行政部门提出减缴或者缓缴的请求。减缴或者缓缴的办法由国务院财政部门会同国务院价格管理部门、国务院专利行政部门规定。”

费用减缓备案要在网上进行，请登录国家知识产权局专利事务服务系统（http：//www. cpservice. sipo. gov. cn）进行费减备案。

四、初步审查

申请人按照规定缴纳相关费用后，专利申请便进入初步审查阶段。一般来说，初步审查分为形式审查和明显实质性缺陷审查两个方面。

初步审查将会出现以下三种情况：

（1）初步审查合格，审查员将向申请人发出“初步审查合格通知书”，发明专利申请进入公开和等待实质审查阶段；实用新型专利申请将进入授权程序。

（2）初步审查存在缺陷，但是经过补正后可以克服，审查员将会向申请人发出“补正通知书”。申请人应该在收到通知书之日起在规定的期限内针对通知书指出的缺陷进行修改。如果经过修改后缺陷克服，发明专利申请进入公开和等待实质审查阶段；实用新型专利申请将进入授权程序；如果经过修改后缺陷仍然存在或者产生新的缺陷，审查员将会再次下发“补正通知书”，一般情况下，这一过程将持续至缺陷克服。但是，如果申请人在规定的期限内未提交或者没有正当理由不答复的，该申请将被视为撤回，审查员将会下发“视为撤回通知书”。

（3）专利申请存在驳回的理由，审查员下发“补正通知书”后，申请人经过陈述意见或修改仍然未消除存在的驳回理由，审查员将发出“驳回通知书”。

五、实质审查

发明专利申请经过初步审查合格、公开程序和实质审查请求后，便进入实质审查阶段。第一次审查意见通知书应对专利申请进行全面审查，审查申请是否符合实质方面和形式方面的所有规定。

无论发明专利申请是否具有授权前景，一般情况下，审查员均会在全面审查的基础上下发“第一次审查意见通知书”，指出发明专利申请的授权前景、存在的缺陷，审查员在检索的基础上对发明专利申请的权利要求书和说明书提出审查意见。申请人应该在收到审查意见通知书之日起，在规定的日期对审查意见提出的问题进行陈述，在必要时对原申请文件进行修改。一般情况下，“第一次审查意见通知书”的答复期限为4个月，“第N次审查意见通知书”的答复期限为2个月，从收到审查意见通知书的第2日起算。

实质审查会产生以下结果：

（1）发明专利申请具有可被授权的前景，申请人根据审查意见通知书中提出的审查意见进行答复和修改，发明专利申请被授权；

（2）发明专利申请存在新颖性和/或创造性的问题，但是申请人通过修改和/或陈述意见克服了上述问题或者使审查员改变了之前的审查意见，发明专利申请获得授权；

（3）发明专利申请存在新颖性和/或创造性的问题，或者存在其他缺陷，经过申请人修改和/或陈述意见后仍然不能克服以上缺陷，审查员发出“驳回通知书”，专利申请程序终止。

六、办理登记手续

发明专利申请经实质审查、实用新型专利申请经初步审查，没有发现驳回理由的，专利局应当做出授予专利权的决定，颁发专利证书，并同时在专利登记簿和专利公报上予以登记和公告。

在授予专利权之前，专利局应当发出授予专利权的通知书。专利局发出授予专利权通知书的同时，应当发出办理登记手续通知书，申请人应当在收到该通知之日起两个月内办理登记手续。

申请人在办理登记手续时，应当按照办理登记手续通知书中写明的费用金额缴纳专利登记费、授权当年（办理登记手续通知书中指明的年度）的年费、公告印刷费，同时还应当缴纳专利证书印花税。

申请人在规定期限之内办理登记手续的，专利局应当颁发专利证书，并同时予以登记和公告，专利权自公告之日起生效。

第二节　发明或实用新型专利申请文件的撰写

【课程纲要】

课程目标：让大学生了解请求书的主要内容，掌握说明书和权利要求书的撰写要求。

主要内容：请求书；说明书；权利要求书。

教学安排：由任课老师确定课程类型及课时。

一项发明创造必须由有权申请的人以书面形式或国家知识产权局规定的其他形式向国家知识产权局专利局提出申请，才有可能取得专利权。这些以书面方式或国家知识产权局规定的其他方式提交的材料称为“专利申请文件”。专利申请文件是一种法律文件。每一种文件有着不同的作用，每一种文件的撰写都有基本的要求，我们必须按照规定认真执行。

《专利法》第二十六条规定：“申请发明或者实用新型专利的，应当提交请求书、说明书及其摘要和权利要求书等文件。”

一、请求书

请求书是申请人向国家知识产权局专利局表示请求授予专利权愿望的一个文件，由其启动专利申请和审批程序。“请求书应当写明发明或者实用新型的名称、发明人的姓名、申请人姓名或者名称、地址，以及其他事项。”

专利局统一制作了“发明专利请求书”和“实用新型专利请求书”表格。通过下图扫描二维码，可以看到这两份表格模板。其表格以及填表注意事项、缴费须知等，可在国家知识产权局网站（http：//www. sipo. gov. cn）下载。

申请人或代理人应当按照其要求认真填写。

按照《专利法实施细则》第十六条的要求，发明或实用新型专利申请的请求书应当写明下列事项：发明或实用新型的名称、申请人信息、发明人姓名、代理机构信息（如果委托了代理机构）、在先申请的申请日和申请号、申请人或者代理机构的签字或者盖章、申请文件清单、附加文件清单、其他需要写明的有关事项等。简单介绍如下：

1. 发明或实用新型名称

请求书中发明或实用新型的名称必须与说明书中的名称一致。名称应当简短，能够准确地表明发明或实用新型专利申请要求保护的主题和类型。

对于发明和实用新型的名称，应该注意以下几个方面：

（1）名称中不得含有非技术词语，例如人名、代号、型号、单位名称、商标等；

（2）名称中不得含有含糊的词语，例如“及其他”“及其类似物”等；

（3）名称中不得仅使用笼统的词语，例如仅用“方法”“装置”“组合物”“化合物”等词作为其名称；

（4）名称一般不得超过25个字，在特殊情况下，例如化学领域中的某些发明，允许最多到40个字。

2. 发明人

写入发明或实用新型请求书中的发明人，是指对发明创造的实质性特点做出了创造性贡献的人。发明人应当是个人，因此不得填写单位或者集体，例如不得写成“××课题组”等。发明人应当使用本人真实姓名，不得使用笔名或者假名。多个发明人的，应当自左向右顺序填写。

发明人可以请求专利局不公布其姓名。提出专利申请时请求不公布发明人姓名的，应当在请求书中的“发明人”一栏中所填写的相应发明人后面注明“不公布姓名”。不公布姓名的请求提出之后，经审查认为符合规定的，专利局在专利公报、专利申请单行本、专利单行本以及专利证书中均不公布其姓名，并在相应位置注明“请求不公布姓名”字样；发明人也不得再请求重新公布其姓名。

3. 申请人

在发明或实用新型的请求书中，申请人是单位或者个人的，应当填写其名称或者姓名；写明组织机构代码或者居民身份证号码。

申请人是单位的，应当使用正式全称，不得使用缩写或者简称。请求书中填写的单位名称应当与所使用的公章上的单位名称一致。

申请人是个人的，应当使用本人真实姓名，不得使用笔名或者其他非正式的姓名。姓名不允许含有学位、职务等称号，例如××博士、××教授等。请求书中填写的申请人姓名应当与其身份证上的姓名一致。

4. 联系人

申请人是单位且未委托专利代理机构的，应当填写联系人，联系人是代替该单位接收专利局所发信函的收件人。联系人应当是本单位的工作人员。

申请人为个人且需由他人代收专利局所发信函的，也可以填写联系人。联系人只能填写一人。填写联系人的，还需要同时填写联系人的通信地址、邮政编码和电话号码。

5. 代表人

申请人有两人以上且未委托专利代理机构的，以第一署名申请人为代表人。除直接涉及共有权利的手续外，代表人可以代表全体申请人办理在专利局的其他手续。直接涉及共有权利的手续包括：提出专利申请，委托专利代理，转让专利申请权、优先权或者专利权，撤回专利申请，撤回优先权要求，放弃专利权等。直接涉及共有权利的手续应当由全体权利人签字或者盖章。

6. 专利代理机构、专利代理人

专利代理机构的名称应当使用其在国家知识产权局登记的全称，并且要与加盖在申请文件中的专利代理机构公章上的名称一致，不得使用简称或者缩写。请求书中还应当填写国家知识产权局给予该专利代理机构的机构代码。

请求书中填写的专利代理人，是指获得专利代理人资格证书、在合法的专利代理机构执业，并且在国家知识产权局办理了专利代理人执业证的人员。在请求书中，专利代理人应当使用其真实姓名，同时要填写专利代理人执业证号码和联系电话。

7. 地址

请求书中的地址，包括申请人、专利代理机构、联系人的地址。所有地址应当符合邮件能够迅速、准确投递的要求。

地址中可以包含单位名称，但单位名称不得代替地址，例如不得仅填写“××大学”“××省××学院”。

二、说 明 书

说明书是发明或实用新型专利的申请文件之一，是申请人向专利局提交的公开其发明创造技术内容的法律文件。说明书用来详细说明发明或实用新型的详细内容，使公众知道该发明或实用新型所要解决的技术问题、采用的技术方案和达到的技术效果。说明书主要起着向社会公众公开发明或实用新型技术内容的作用，并对该发明或实用新型所要保护的范围予以界定并做出必要的解释。

在《专利法》第二十六条和《专利法实施细则》第十七条中，对于说明书的实质性内容以及撰写的规范，分别做出了详尽的规定。

（一）说明书应当满足的总体要求

《专利法》第二十六条指出：“说明书应当对发明或者实用新型作出清楚、完整的说明，以所属技术领域的技术人员能够实现为准。”也就是说，说明书应当充分公开发明或者实用新型的技术内容。此外，在接下来的第四款中要求“权利要求书应当以说明书为依据”，则可以反过来理解为要求说明书必须支持权利要求书。

1. 说明书应当充分公开发明或实用新型的技术内容

按照《专利法》的规定，说明书对发明或者实用新型作出的清楚、完整的说明，应当达到所属技术领域的技术人员能够实现的程度。反过来说，说明书对于发明或实用新型的技术内容做到充分公开的，则必须是“清楚”“完整”和“能够实现”的技术内容。

(1) 清楚

说明书清楚，是指说明书内容清楚地揭示了发明或者实用新型的实质。为此，说明书中记载的内容应当满足以下要求：

① 主题明确，揭示实质。说明书从现有技术出发，清楚地写明发明或实用新型所要解决的技术问题、为解决该技术问题所采用的技术方案以及该技术方案所能取得的有益技术效果，从而使该技术领域人员能够准确理解该发明或实用新型所要求保护的内容。

② 内容一致，符合逻辑。说明书各部分内容相互关联、相互依存、相互支持，成为一个整体。尤其是所要解决的技术问题、技术方案和有益技术效果之间应当相互适应，不得相互矛盾或不相关联。其余部分也要紧密围绕所要解决问题和实施技术方案展开描述。

③ 术语规范，准确表达。说明书应当使用发明或实用新型所述技术领域的技术术语。说明书的表述应当准确表达发明或实用新型的技术内容，不得模棱两可、含糊不清，要让所属技术领域的技术人员能准确地理解发明或实用新型。

(2) 完整

说明书完整，是指说明书必须包括《专利法实施细则》第十七条第一款规定的五部分内容（即技术领域、背景技术、发明内容、附图说明、具体实施方式）；还应当包括有关理解、再现发明或实用新型所需的其他技术内容。凡是所属技术领域的技术人员不能从现有技术中直接、毫无疑义地得出的有关内容，均应当在说明书中详细描述。

(3) 能够实现

所属技术领域的技术人员能够实现，是指所属技术领域的技术人员按照说明书记载的内容，不需要做出创造性劳动，就能够实现发明或实用新型的技术方案、解决其技术问题，并产生预期的技术效果。

以下几种情况是由于说明书缺乏解决技术问题的技术手段，从而被认为无法实现：①说明书中只给出任务和/或设想，或者只表明一种愿望和/或结果，而未给出任何使所属技术领域的技术人员能够实施的技术手段；②说明书中给出了技术手段，但对所属技术领域的技术人员来说，该手段是含糊不清的，根据说明书记载的内容无法具体实施；③说明书中给出了技术手段，但所属技术领域的技术人员采用该手段并不能解决发明或者实用新型所要解决的技术问题；④申请的主题为由多个技术手段构成的技术方案，对于其中一个技术手段，所属技术领域的技术人员按照说明书记载的内容并不能实现；⑤说明书中给出了具体的技术方案，但未给出实验证据，而该方案又必须依赖实验结果加以证实才能成立。

2. 说明书应当支持权利要求书

《专利法》所说的“权利要求书应当以说明书为依据”，说明了权利要求书与说明书之间存在相互依存的关系。

也就是说，说明书应当支持权利要求书。表现在以下几个方面：①权利要求书中的每个技术特征，均在说明书中做出了说明，且没有超出说明书记载的范围。②对权利要求书中的每一个权利要求来说，至少在说明书中的一个具体实施方式或一个实施例中得到反映。③至少在说明书中的一个具体实施方式中包含了独立权利要求的全部必要技术特征。④说明书中给出足够的实施方式或实施例，从而对权利要求所要求保护的范围给予支持。⑤说明书中记载的内容与权利要求的内容相适应，没有矛盾。

3. 说明书应当用词规范，语句清楚

《专利法实施细则》第十七条第三款规定，发明或者实用新型说明书应当用词规范、语句清楚，并不得使用“如权利要求……所述的……”一类的引用语，也不得使用商业性宣传用语。

说明书中应当采用技术领域的技术术语。对自然科学名词应尽量采用国家规定的统一术语；国家没有统一规定的，可以采用所述技术领域约定俗成的术语，也可以采用鲜为人知或者最新出现的科技术语，或者直接使用外来语（中文音译或意译词），但其含义必须是清楚的，不会造成误解。必要时可以采用自定义词，但必须在说明书中给出明确的定义或者说明。

技术术语和符号应当前后一致。涉及计量单位时，应采用国家法定计量单位，包括国际单位制计量单位和国家选定的其他计量单位。必要时可以在括号内同时标注本领域公知的其他计量单位。

说明书中不可避免使用商品名称时，其后应当注明其型号、规格、性能及制造单位。说明书中应尽量避免使用注册商标来确定物质或者产品。

（二）说明书的组成及其撰写要求

按照《专利法实施细则》第十七条的规定，发明或者实用新型专利申请的说明书应当包括的内容有：名称、技术领域、背景技术、发明内容、附图说明、具体实施方式等。

说明书共有这六个部分，应当按照“规定的方式和顺序撰写说明书，并在说明书每一部分前面写明标题”。下面结合一个实际案例（是本章作者担任专利代理完成的案例），对说明书各部分的撰写要求进行说明。

1. 发明或实用新型名称

CN 204791700 U　　说　明　书　　1/3 页

一种声驻波演示装置

在说明书第一页第一行左右居中的位置，写明发明或实用新型的名称。名称与下面的说明书正文之间应当空一行。

“该名称应当与请求书中的名称一致”，应当简短、准确地表明专利申请要求保护的主题和类型。

2. 技术领域

技术领域

[0001]　本实用新型涉及一种物理实验教学演示仪器，尤其涉及的是一种声驻波演示装置。

所谓的技术领域，是指“要求保护的技术方案的所属技术领域”。应当理解为，是指其所属或者直接应用的具体技术领域，而不是发明或实用新型的上位技术领域，也不是其相邻技术领域，更不是发明或者实用新型本身。

在撰写技术领域时应该注意下面三点：

（1）一般情况下，按照《国际专利分类表》确定发明或者实用新型直接所属技术领域，尽可能确定在其最低的分类位置上。

（2）技术领域部分应当体现发明或者实用新型要求保护的技术方案的主题名称和发明类型。

（3）技术领域部分不应当写入发明或者实用新型相对于最接近的现有技术做出改进的区别技术特征。

3. 背景技术

> **背景技术**
>
> [0002] 驻波是由振幅、频率、振动方向均相同而传播方向相反的两列波迭加而成的；由扬声器发出的入射声波在管内的另一端发生反射并与入射声波干涉形成驻波。用昆特管演示声驻波可观察到环形飞溅的煤油浪花，液体振动最激烈，称为波腹；振幅最小的点称为波节，液体静止不动。在昆特管中驻波的波腹处，空气振动剧烈，气压小，从而吸起该处的煤油，使得波腹处的煤油飞溅；而在驻波的波节处，驻波能量极小，且两侧波腹处的空气向此聚集，气压大，将此处煤油下压，使得煤油只能向两侧（波腹位置）流动。最终两者达到动态平衡，形成了在实验中看到的“喷泉”现象。用火焰驻波演示声驻波现象，空气振幅大的地方压强小，空气振幅小的地方压强大，导致火焰高度成周期性分布。相邻两波腹（或两波节）间距离为1/2波长，波腹与波节间的距离为1/4波长。

背景技术，应当“写明对发明或者实用新型的理解、检索、审查有用的技术背景；有可能的，并引证反映这些技术背景的文件”。

这一部分一般至少引证一篇本申请最接近的现有技术；必要时，再引用几篇比较接近的或者相关的对比文件。

这些对比文件可以是专利文件，也可以是非专利文件。

在引证时应当注意以下几点：

（1）引证文件应当是公开出版物，除纸件形式外，还包括电子出版物等形式。

（2）所引证的非专利文件和外国专利文件的公开日应当在本申请的申请日之前；所引证的中国专利文件的公开日不能晚于本申请的公开日。

（3）引证外国专利或非专利文件的，应当以所引证文件公布或发表时的原文所使用的文字写明引证文件的出处以及相关信息，必要时给出中文译文，并将译文放置在括号内。

通常情况下，背景技术的描述应当包括以下三方面的内容：

（1）注明其出处，通常可采用引证对比文件或指出其他公知公用技术这两种情况。对专利文件要写明专利文件的国别和公开号，最好包括公开日期，对非专利文件要写明这些文件的标题和详细出处，使公众和审查员能从现有技术中检索到这些对比文件；对其他公知公用情况也要给出具体发生的时间、地点，以及可使公众和审查员能调研和了解到该现有技术的其他相关信息。

（2）简要说明该现有技术的相关技术内容，即简要给出该现有技术的主要结构和原理。

（3）客观地、实事求是地指出该现有技术存在的主要问题，但仅限于涉及由发明或者实用新型的技术方案所解决的问题，切忌采用诽谤性语言；在可能的情况下，说明存在这种问题和缺点的原因以及解决这些问题时曾经遇到的问题。

4. 发明或实用新型内容

实用新型内容

[0003] 本实用新型的目的在于克服现有技术的不足，提供了一种声驻波演示装置，利用吸水管中的水位变化反应声驻波现象。

[0004] 本实用新型是通过以下技术方案实现的：一种声驻波演示装置，包括底座，所述底座包括水槽和支撑部，所述支撑部支撑定位驻波管，所述驻波管的一端封闭，所述驻波管的另一端开口，且所述驻波管的开口端设有一个扬声器，所述驻波管沿长度方向的侧面上间距设有若干小孔，每个所述小孔内对应设有一个吸水管，所述吸水管的一端置于所述水槽的水面以下。

[0005] 作为上述方案的进一步优化，所述支撑架为与所述水槽的左右两端对应一体成型的两个支撑架，两个所述支撑架支撑所述驻波管的两端。

[0006] 作为上述方案的进一步优化，所述驻波管沿长度方向的侧面上设有一排小孔，且所述小孔等间距排列，每个所述小孔内对应套接一个吸水管。

[0007] 作为上述方案的进一步优化，所述水槽为矩形水槽，所述矩形水槽的左右两个端面上分别设有一个支撑架，每个所述支撑架上设有一个环形卡口，所述驻波管卡合于所述环形卡口中。

[0008] 作为上述方案的进一步优化，所述吸水管呈倾斜状，每一所述吸水管的一端套接于所述驻波管的小孔中，所述吸水管的另一端倾斜向下插入水槽水面以下。

[0009] 本实用新型相比现有技术，本实用新型提供的一种声驻波演示装置的有益效果体现在：

[0010] 1、与传统火焰驻波演示仪器相比，本实用新型的一种声驻波演示装置，演示时将扬声器接入音频信号，当信号频率调节到恰当的数值时，驻波管中将形成稳定的驻波。无需燃烧煤气，操作演示安全，演示后没有残余的煤气味。

[0011] 2、本实用新型的一种声驻波演示装置，扬声器设于驻波管的开口端，且驻波管的侧面上设有一排小孔，每一个小孔内均套接一个吸水管，吸水管的一端置于水槽的水面以下，将扬声器接入音频信号，调节信号频率，驻波管内各处的空气振幅不同，导致声压不同，会使得与驻波管联通的吸水管内的水位成发生变化，反应声驻波现象，在物理演示实验教学中操作方便，效果明显。

[0012] 3、本实用新型的一种声驻波演示装置，吸水管的一端呈倾斜状放置于水槽的水面以下，将扬声器接入音频信号，调节信号频率，随着驻波管内各处的空气振幅不同，使得与驻波管联通的吸水管内的水位发生起伏明显变化，物理演示实验教学中，更加直观的反映声驻波现象。

按照《专利法实施细则》第十七条的规定，“发明内容”这一部分应当“写明发明或者实用新型所要解决的技术问题以及解决其技术问题采用的技术方案，并对照现有技术写明发明或者实用新型的有益效果”。

(1) 技术问题

发明或者实用新型所要解决的技术问题，是指在现有技术中存在的技术问题；而且，下面采用的技术方案应当能够解决这些技术问题。

撰写“所要解决的技术问题”时要注意：①针对现有技术中存在的缺陷或不足；②用正面的、简洁的语言客观地指出发明或者实用新型要解决的技术问题；③可以进一步说明其技术效果，但不得采用广告式宣传用语。

一件专利申请的说明书可以列出发明或者实用新型所要解决的一个或者多个技术问题，但是同时应当在说明书中描述解决这些技术问题的技术方案。当一件申请包含多项发明或者实用新型时，说明书中列出的多个要解决的技术问题应当都与一个总的发明构思相关。

（2）技术方案

记载在说明书中的技术方案，是一件发明或实用新型专利申请的核心。为解决其技术问题而采用的技术方案，要清楚、完整地描述技术方案的技术特征。

在技术方案这一部分，至少应反映包含全部必要技术特征的独立权利要求的技术方案，还可以给出包含其他附加技术特征的进一步改进的技术方案。

说明书中记载的这些技术方案，应当与权利要求所限定的相应技术方案的表述相一致。

首先应当写明独立权利要求的技术方案，其用语应当与独立权利要求的用语相应或者相同，以发明或实用新型必要技术特征总和的形式阐明其实质，必要时，说明必要技术特征总和与发明或者实用新型效果之间的关系；然后，可以通过对该发明或者实用新型的附加技术特征的描述，反映对其作进一步改进的从属权利要求的技术方案。

如果一件申请中有几项发明或者几项实用新型，应当说明每项发明或者实用新型的技术方案。

（3）有益效果

说明书应当清楚、客观地写明本发明或实用新型与现有技术相比所具有的有益效果。

有益效果，是指由构成发明或实用新型的技术特征直接带来的，或者是由所述的技术特征必然产生的技术效果。有益效果是确定发明是否具有“显著的进步”，实用新型是否具有“进步”的重要依据。

一般而言，有益效果可以由产率、质量、精度和效率的提高，能耗、原材料、工序的节省，加工、操作、控制、使用的简便，环境污染的治理或者根治，以及有用性能的出现等方面反映出来。

有益效果要通过结构特点的分析或者与理论证明相结合，也可以通过列出实验数据的方式予以说明，不得只断言该发明或实用新型具有有益的效果。需要强调的是，无论用哪种方式来说明有益效果，都要与现有技术进行比较，指出与现有技术的区别。

5. 附图说明

> **附图说明**
>
> [0013] 图 1 是本实用新型的一种声驻波演示装置的结构示意图。
>
> [0014] 图 2 是本实用新型的一种声驻波演示装置的底座的结构示意图。
>
> [0015] 图 3 是本实用新型的一种声驻波演示装置的驻波管和吸水管的配合结构示意图。
>
> [0016] 图 4 为是本实用新型的一种声驻波演示装置的剖面结构示意图。

《专利法实施细则》第十七条指出：“说明书有附图的，对各幅附图作简略说明。”

例如，一件发明名称为“一种物理实验装置”的专利申请。如果其说明书包括四幅附图，则必须对这些附图做出简单的说明：

图 1 是一种物理实验装置的主视图；

图 2 是图 1 所示实验装置的侧视图；

图 3 是图 2 中的 A 向视图；

图 4 是沿图 1 中 B-B 线的剖视图。

6. 具体实施方式

> **具体实施方式**
>
> [0017] 下面对本实用新型的实施例作详细说明，本实施例在以本实用新型技术方案为前提下进行实施，给出了详细的实施方式和具体的操作过程，但本实用新型的保护范围不限于下述的实施例。

[0018]　参见图1,是本实用新型的一种声驻波演示装置的结构示意图。一种声驻波演示装置，包括底座4,底座4包括水槽42和支撑架41。其中,参见图2,是本实用新型的一种声驻波演示装置的底座4的结构示意图。所述底座4为与水槽42的左右两端对应一体成型的两个支撑架41,两个支撑架41支撑驻波管1的两端。本优实施例中,水槽42为矩形,水槽42的左右两个端面上分别设有一个支撑架41,每个支撑架41上设有一个环形卡口43,驻波管1卡合于支撑架41的环形卡口43中。

[0019]　驻波管1的一端封闭,驻波管1的另一端开口,且驻波管1的开口端设有一个扬声器2。参见图3,是本实用新型的一种声驻波演示装置的驻波管1和吸水管3的配合结构示意图。驻波管1沿长度方向的侧面上间距设有若干小孔11,每个小孔11内对应设有一个吸水管3,吸水管3的一端置于所述水槽42的水面以下。

[0020]　本实用新型的一种声驻波演示装置,扬声器设于驻波管的开口端,且驻波管的侧面上设有一排小孔,每一个小孔内均套接一个吸水管,吸水管的一端置于水槽的水面以下。演示时将扬声器接入音频信号，调节信号频率,当信号频率调节到恰当的数值时,驻波管中将形成稳定的驻波。驻波管内各处的空气振幅不同,导致声压不同,会使得与驻波管联通的吸水管内的水位成发生变化,反应声驻波现象,在物理演示实验教学中操作方便,效果明显。

[0021]　本优选实施例中,驻波管1沿长度方向的侧面上设有一排小孔11,且小孔11等间距排列,每个小孔11内对应套接一个吸水管3。参见图4,是本实用新型的优选实施例的一种声驻波演示装置的剖面结构示意图。吸水管3呈倾斜状,每一吸水管3的一端套接于驻波管1的小孔11中,吸水管3的另一端倾斜向下插入水槽42的水面以下。吸水管3倾斜放置于水槽42中会使得水位的变化更加明显。由此可通过观察吸水管3中的水位变化,更加直观地感受声驻波现象。

[0022]　对于本领域技术人员而言,显然本实用新型不限于上述示范性实施例的细节,而且在不背离本实用新型的精神或基本特征的情况下,能够以其他的具体形式实现本实用新型。因此,无论从哪一点来看,均应将实施例看作是示范性的,而且是非限制性的,本实用新型的范围由所附权利要求而不是上述说明限定,因此旨在将落在权利要求的等同要件的含义和范围内的所有变化囊括在本实用新型内。不应将权利要求中的任何附图标记视为限制所涉及的权利要求。

[0023]　此外,应当理解,虽然本说明书按照实施方式加以描述,但并非每个实施方式仅包含一个独立的技术方案,说明书的这种叙述方式仅仅是为清楚起见,本领域技术人员应当将说明书作为一个整体,各实施例中的技术方案也可以经适当组合,形成本领域技术人员可以理解的其他实施方式。

具体实施方式是说明书的重要组成部分，它对于充分公开、理解和实现发明或实用新型，支持和解释权利要求都是极为重要的。因此，《专利法实施细则》对于撰写“具体实施方式”做出的要求是：“详细写明申请人认为实现发明或者实用新型的优选方式；必要时，举例说明；有附图的，对照附图。”

优选的具体实施方式应当体现申请中解决技术问题所采用的技术方案，并应当对权利要求的技术特征给予详细说明，以支持权利要求。

对优选的具体实施方式的描述应当详细，使发明或者实用新型所属技术领域的技术人员能够实现该发明或者实用新型。

实施例是对发明或者实用新型优选的具体实施方式的举例说明。实施例的数量应当根据发明或者实用新型的性质、所属技术领域、现有技术状况以及要求保护的范围来确定。

当一个实施例足以支持权利要求所概括的技术方案时，说明书中可以只给出一个实施例。当权利要求（尤其是独立权利要求）覆盖的保护范围较宽，其概括不能从一个实施例中找到依据时，至少应当给出两个。

当权利要求相对于背景技术的改进涉及数值范围时，通常应当给出两端值附近（最好是两端值）的实施例；当数值范围较宽时，还应当给出至少一个中间值的实施例。

对于方法发明，具体实施方式或实施例应当写明其步骤，包括可以用不同的参数或者参数范围表示的工艺条件。

在结合附图描述实施方式时，应当引用附图标记进行描述。引用时应与附图所示一致，放在相应部件的名称之后，不加括号。

（三）说明书附图及其要求

《专利法实施细则》指出：“实用新型专利申请说明书应当有表示要求保护的产品的形状、构造或者其结合的附图。”“发明或者实用新型的几幅附图应当按照‘图 1，图 2，……’顺序编号排列。发明或者实用新型说明书文字部分中未提及的附图标记不得在附图中出现，附图中未出现的附图标记不得在说明书文字部分中提及。申请文件中表示同一组成部分的附图标记应当一致。附图中除必需的词语外，不应当含有其他注释。”

下图即为一种声驻波演示装置的说明书附图。

CN 204791700 U　　　　说 明 书 附 图　　　　1/1 页

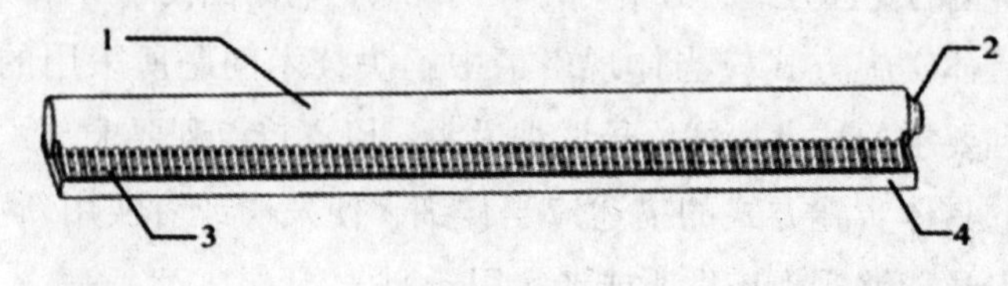

图 1

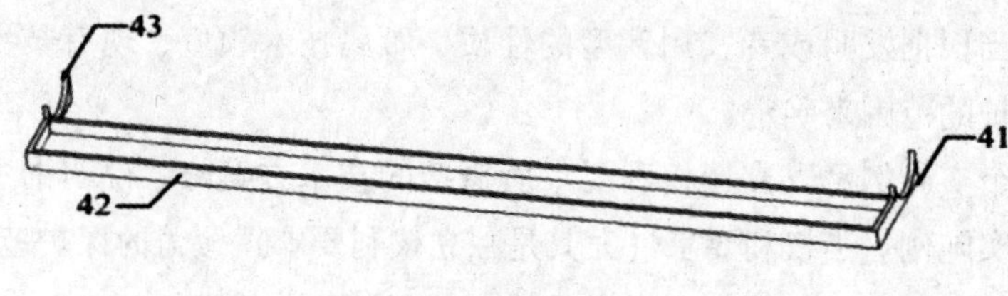

图 2

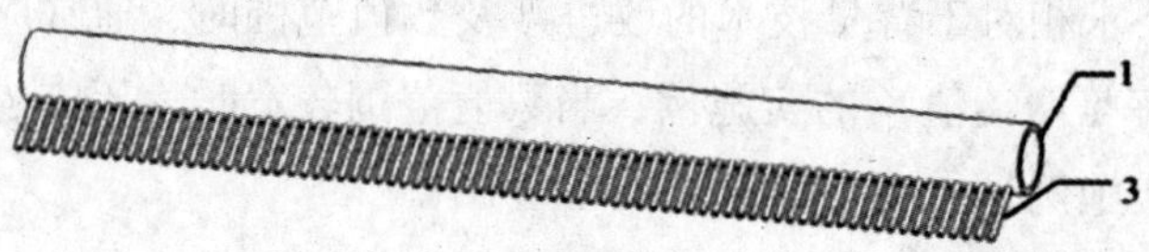

图 3

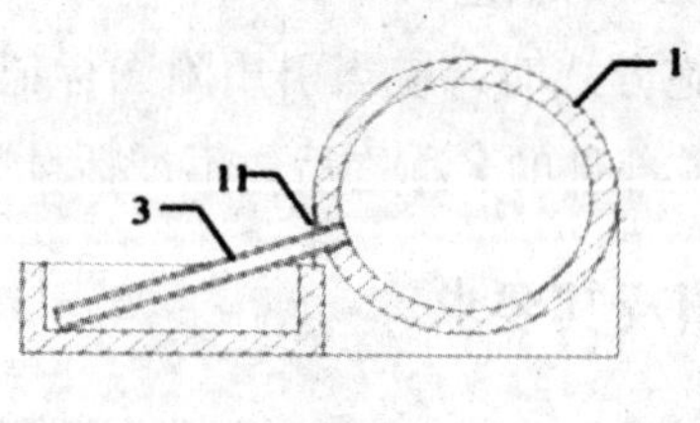

图 4

6

说明书附图是说明书的一个组成部分，因作用独特而将其单独列出。说明书附图的作用是用图形补充说明说明书文字部分的描述，帮助人们直观地、形象化地理解发明或实用新型的每个技术特征和整体技术方案。

提供附图时应该注意以下几个方面：

（1）说明书附图应当使用包括计算机在内的制图工具和黑色墨水绘制，线条应当均匀清晰、足够深，不得着色和涂改，不得使用工程蓝图。

（2）实用新型必须有说明书附图；发明申请能够用文字清楚、完整地描述技术方案的，也可以没有附图，但是对涉及有结构的发明则应当有说明书附图。

（3）发明或者实用新型的说明书附图有几幅附图时，附图应当用阿拉伯数字顺序编号，用图 1、图 2 等表示；几幅附图可绘制在同一张图纸上，按照顺序排列，附图之间应明显地分开。

（4）附图中除必需的文字外，例如："水""蒸气""开""关""A-A 剖面"，不得含有其他的注释。对结构框图、逻辑框图、工艺流程图，应当在其框内给出必要的文字和符号。

（5）说明书中与说明书附图中使用的相同的附图标记应当表示同一组成部分。说明书文字部分中未提及的附图标记不得在说明书附图中出现，说明书附图中未出现的附图标记也不得在说明书文字部分中提及。

（四）说明书摘要、摘要附图

1. 说明书摘要

说明书摘要是说明书记载内容的概述，它仅仅是一种技术信息，不具有法律效力。其主要作用是方便读者查阅和了解发明技术。

说明书摘要的内容不属于发明或者实用新型原始记载的内容，不能作为申请之后修改或者权利要求书的根据，也不能用来解释专利权的保护范围。具体地说，说明书摘要中记录的技术内容，若在说明书或者权利要求书中没有记载，不允许将其补入说明书或者权利要求书中。将申请时仅在说明书摘要中记载的技术内容补入说明书或者权利要求书，是超出原始申请记载范围的，不能作为解释专利保护范围的依据。

撰写说明书摘要时注意以下几点：

（1）应当写明发明或者实用新型的名称、所属技术领域、所要解决的技术问题、解决该技术问题的技术方案要点以及所要达到的技术效果，其中，解决技术问题的技术方案的要点以独立权利要求的技术方案为主。

（2）应当简明扼要。说明书摘要的全文，包括标点符号在内，不得超过300个字。

（3）不得使用商业性宣传用语。

（4）文字部分引入附图标记时，应当加括号；且出现在说明书摘要中的附图标记应当在说明书附图中加以标注。

下面是一种声驻波演示装置的说明书摘要，供参考。

> 本实用新型公开了一种声驻波演示装置，包括底座，所述底座包括水槽和支撑部，所述支撑部支撑定位驻波管，所述驻波管的一端封闭，所述驻波管的另一端开口，且所述驻波管的开口端设有一个扬声器，所述驻波管沿长度方向的侧面上等间距设有若干小孔，每个小孔内对应设有一个吸水管，吸水管的一端置于所述水槽的水面以下。本实用新型相比现有技术具有以下优点：本实用新型的一种声驻波演示装置，将扬声器接入音频信号，调节信号频率，驻波管内各处的空气振幅不同，导致声压不同，会使得与驻波管联通的吸水管内的水位成发生变化，从而反应声驻波现象，在物理演示实验教学中操作方便，效果明显。

2．摘要附图

当发明或实用新型有说明书附图时，申请人应当提供一幅最能体现该发明或实用新型主要技术方案特征的附图作为摘要附图。

摘要附图应是说明书附图中的一幅。

三、权利要求书

按照《专利法》第二十六条的规定，申请发明或者申请实用新型专利的，权利要求书是必须提交的申请文件。可以说，它是申请专利的核心，是重要的法律文件。权利要求书确定了发明或实用新型专利要求保护的内容，限定了专利保护范围，具有直接的法律效力。

大学生在申请时可以自行撰写权利要求书。常见的问题是，没有经验的人所撰写的权利要求书所请求的保护范围非常狭窄，多数情况是只对发明物做出了具体的描述，而没有概括总结出发明的核心。这样的话，专利申请即便是获得了授权，别人通过专利申请文件中所公开的内容，或许只要做一些小小的改动就可以绕开该专利的保护范围。其结果是为他人做了嫁衣、自己的专利申请免费为别人做了贡献。

因此，大学生在申请时必须重视权利要求书的撰写，特别要掌握权利要求书撰写的实质要求。如果自行撰写时把握不好的话，有必要请教辅导老师，也可以考虑委托专利代理机构代为办理。

（一）权利要求的类型

1. 产品权利要求和方法权利要求

（1）产品权利要求

产品权利要求包括人类通过技术生产的物，属于物的权利要求有物品、物质、材料、工具、装置、设备等。当产品权利要求中的一个或多个技术特征无法用结构特征并且也不能用参数特征予以清楚地表述时，允许借助于方法特征表述。但是，采用方法特征表述的产品权利要求的保护主题仍然是产品。

（2）方法权利要求

方法权利要求包括有时间过程要素的活动，属于活动的权利要求有制造方法、使用方法、通信方法、处理方法以及将产品用于特定用途的方法等权利要求。

2. 独立权利要求和从属权利要求

（1）独立权利要求

独立权利要求应当从整体上反映发明或者实用新型的技术方案，记载解决技术问题的必要技术特征。

必要技术特征是指发明或者实用新型为解决其技术问题所不可缺少的技术特征，其总和足以构成发明或者实用新型的技术方案，使之区别于背景技术中所述的其他技术方案。

判断某一技术特征是否为必要技术特征，应当从所要解决的技术问题出发并考虑说明书描述的整体内容，不应简单地将实施例中的技术特征直接认定为必要技术特征。

在一件专利申请的权利要求书中，独立权利要求所限定的一项发明或者实用新型的保护范围最宽。

如果一项权利要求包含了另一项同类型权利要求中的所有技术特征，且对该另一项权利要求的技术方案作了进一步的限定，则该权利要求为从属权利要求。由于从属权利要求用附加的技术特征对所引用的权利要求作了进一步的限定，所以其保护范围落在其所引用的权利要求的保护范围之内。

一件专利申请的权利要求书中，应当至少有一项独立权利要求。当有两项或者两项以上独立权利要求时，写在最前面的独立权利要求被称为第一独立权利要求，其他独立权利要求称为并列独立权利要求。

（2）从属权利要求

从属权利要求中的附加技术特征，可以是对所引用的权利要求的技术特征作进一步限定的技术特征，也可以是增加的技术特征。

（二）权利要求撰写的实质要求

《专利法》第二十六条第四款规定："权利要求书应当以说明书为依据，清楚、简要地限定要求专利保护的范围。"《专利法实施细则》第十九条规定："权利要求书应当记载发明或者实用新型的技术特征。"第二十条第二款规定："独立权利要求应当从整体上反映发明或者实用新型的技术方案，记载解决技术问题的必要技术特征。"这些都是对于权利要求的实质性要求，概括为以下三个方面：

1. 以说明书为依据

权利要求书应当以说明书为依据，是指权利要求应当得到说明书的支持。权利要求书中的每一项权利要求所要求保护的技术方案应当是所属技术领域的技术人员能够从说明书充分公开的内容中得到或概括得出的技术方案，并且不得超出说明书公开的范围。

权利要求通常由说明书记载的一个或者多个实施方式或实施例概括而成。权利要求的概括应当不超出说明书公开的范围。如果所属技术领域的技术人员可以合理预测说明书给出的实施方式的所有等同替代方式或明显变形方式都具备相同的性能或用途，则应当允许申请人将权利要求的保护范围概括至覆盖其所有的等同替代或明显变形的方式。

通常，概括的方式有以下两种：

（1）用上位概念概括。例如，用“气体激光器”概括氦氖激光器、氩离子激光器、一氧化碳激光器、二氧化碳激光器等。又如用“C1—C4 烷基”概括甲基、乙基、丙基和丁基。再如，用“皮带传动”概括平皮带、三角皮带和齿形皮带传动等。

（2）用并列选择法概括，即用“或者”或者“和”并列几个必择其一的具体特征。例如，“特征 A、B、C 或者 D”。又如，“由 A、B、C 和 D 组成的物质组中选择的一种物质”等。采用并列选择法概括时，被并列选择概括的具体内容应当是等效的，不得将上位概念概括的内容与其下位概念并列。另外，被并列选择概括的概念，含义应当清楚。

无论是上位概念概括还是并列选择方式概括的权利要求，都必须得到说明书的支持。假如权利要求的概括包含申请人推测的内容，而其效果又难以确定和评价，应当认为这种概括超出了说明书公开的范围。如果权利要求的概括使所属技术领域的技术人员有理由怀疑该上位概括或并列概括不能解决发明或者实用新型所要解决的技术问题，并达到相同的技术效果，则应当认为该权利要求没有得到说明书的支持。

此外，如果说明书中仅以含糊的方式描述了其他替代方式也可能适用，但对所属技术领域的技术人员来说，并不清楚这些替代方式是什么或者怎样应用这些替代方式，则权利要求中的功能性限定也是不允许的。另外，纯功能性的权利要求得不到说明书的支持，因而也是不允许的。

在判断权利要求是否得到说明书的支持时，应当考虑说明书的全部内容，而不是仅限于具体实施方式部分的内容。如果说明书的其他部分也记载了有关具体实施方式或实施例的内容，从说明书的全部内容来看，能说明权利要求的概括是适当的，则应当认为权利要求得到了说明书的支持。

对于包括独立权利要求和从属权利要求或者不同类型权利要求的权利要求书，需要逐一判断各项权利要求是否都得到了说明书的支持。独立权利要求得到说明书支持并不意味着从属权利要求也必然得到支持；方法权利要求得到说明书支持也并不意味着产品权利要求必然得到支持。

当要求保护的技术方案的部分或全部内容在原始申请的权利要求书中已经记载而在说明书中没有记载时，允许申请人将其补入说明书。但是权利要求的技术方案在说明书中存在一致性的表述，并不意味着权利要求必然得到说明书的支持。只有当所属技术领域的技术人员能够从说明书充分公开的内容中得到或概括得出该项权利要求所要求保护的技术方案时，记载该技术方案的权利要求才被认为得到了说明书的支持。

2. 清楚、简要

(1) 清楚

权利要求书要求的“清楚”，不但是指每一项权利要求应当清楚，而且是指构成权利要求书的所有权利要求作为一个整体也应当清楚。

首先，每项权利要求的类型应当清楚。权利要求的主题名称应当能够清楚地表明该权利要求的类型是产品权利要求还是方法权利要求。不允许采用模糊不清的主题名称，例如，“一种……技术”，或者在一项权利要求的主题名称中既包含产品又包含方法，例如，“一种……产品及其制造方法”。

权利要求的主题名称还应当与权利要求的技术内容相适应。产品权利要求适用于产品发明或者实用新型，通常应当用产品的结构特征来描述；方法权利要求适用于方法发明，通常应当用工艺过程、操作条件、步骤或者流程等技术特征来描述。

其次，每项权利要求所确定的保护范围应当清楚。权利要求的保护范围应当根据其所用词语的含义来理解。一般情况下，权利要求中的用词应当理解为相关技术领域通常具有的含义。在特定情况下，如果说明书中指明了某词具有特定的含义，并且使用了该词的权利要求的保护范围由于说明书中对该词的说明而被限定得足够清楚，这种情况也是允许的。但此时也应要求申请人尽可能修改权利要求，使得根据权利要求的表述即可明确其含义。

第三，权利要求中词语应当清楚，不得使用含义不确定的用语，如“厚”“薄”“强”“弱”“高温”“高压”“很宽范围”等，除非这种用语在特定技术领域中具有公认的确切含义，例如放大器中的“高频”。对没有公认含义的用语，也应选择说明书中记载的更为精确的词语替换上述不确定的用语。

权利要求中也不得出现“例如”“最好是”“尤其是”“必要时”以及“约”“接近”“等”“或类似物”等类似用语。因为这类用语会在一项权利要求中限定出不同的保护范围，导致保护范围不清楚。

除附图标记或者化学式及数学式中使用的括号之外，权利要求中应尽量避免使用括号，以免造成权利要求不清楚，例如“（混凝土）模制砖”。然而，具有通常可接受含义的括号是允许的，例如“（甲基）丙烯酸酯”，“含有10%～60%（重量）的A”。

最后，构成权利要求书的所有权利要求作为一个整体也应当清楚，这是指权利要求之间的引用关系应当清楚。

（2）简要

权利要求书要求的“简要”，一是指每一项权利要求应当简要，二是指构成权利要求书的所有权利要求作为一个整体也应当简要。例如，一件专利申请中不得出现两项或两项以上保护范围实质上相同的同类权利要求。

权利要求的数目应当合理。在权利要求书中，允许有合理数量的限定发明或者实用新型优选技术方案的从属权利要求。权利要求的表述应当简要，除记载技术特征外，不得对原因或者理由作不必要的描述，也不得使用商业性宣传用语。

为避免权利要求之间相同内容的不必要重复，在可能的情况下，权利要求应尽量采取引用在前权利要求的方式撰写。

3. 记载技术特征和记载必要技术特征

《专利法实施细则》第十九条规定：“权利要求书应当记载发明或者实用

新型的技术特征。”所谓技术特征就是解决发明创造技术问题的技术方案。可以理解为，权利要求书中应当写出解决发明创造技术问题的技术方案。

《专利法实施细则》第二十条第二款规定：“独立权利要求应当从整体上反映发明或者实用新型的技术方案，记载解决技术问题的必要技术特征。”这一条规定仅是针对独立权利要求而言的，即独立权利要求中不能缺少解决其技术问题所必不可少的技术特征，而那些可有可无或能使技术效果更佳的技术特征可以不写。

必要技术特征是指发明或实用新型为解决其技术问题所不可缺少的技术特征，其总和足以构成发明或者实用新型的技术方案，使之区别于背景技术中所述的其他技术方案。缺乏任一必要技术特征，技术问题不能解决。

非必要技术特征是指解决发明创造技术问题的技术方案中可有可无的特征。缺乏任一非必要技术特征，技术问题仍旧可以解决。

判断某一技术特征是否为必要技术特征，应当从所要解决的技术问题出发并考虑说明书描述的整体内容，具体分析说明书具体实施方式中的技术特征与所要解决的技术问题之间的关系，而不能简单地将具体实施方式中的所有特征均认定为必要技术特征。

（三）权利要求撰写的形式要求

1. 总体要求

权利要求的保护范围是由权利要求中记载的全部内容作为一个整体限定的，因此每一项权利要求只允许在其结尾处使用句号。权利要求书有几项权利要求的，应当用阿拉伯数字顺序编号。

一项权利要求用一个自然段表述。但是当技术特征较多，内容和相互关系较复杂，借助于标点符号难以将其关系表达清楚时，一项权利要求也可以用分行或者分小段的方式描述。

开放式的权利要求宜采用“包含”“包括”“主要由……组成”的表达方式，其解释为还可以含有该权利要求中没有述及的结构组成部分或方法步骤。封闭式的权利要求宜采用“由……组成”的表达方式，其一般解释为不含有该权利要求所述以外的结构组成部分或方法步骤。

权利要求中使用的科技术语应当与说明书中使用的科技术语一致。权利要求中可以有化学式或者数学式，但是不得有插图。除绝对必要外，权利要求中不得使用“如说明书……部分所述”或者“如图……所示”等类似用语。绝对必要的情况是指当发明或者实用新型涉及的某特定形状仅能用图形限定而无法用语言表达时，权利要求可以使用“如图……所示”等类似用语。

权利要求中通常不允许使用表格，除非使用表格能够更清楚地说明发明或者实用新型要求保护的主题。权利要求中的技术特征可以引用说明书附图中相应的标记，以帮助理解权利要求所记载的技术方案。但是，这些标记应当用括号括起来，放在相应的技术特征后面。附图标记不得解释为对权利要求保护范围的限制。

一般情况下，权利要求中包含有数值范围的，其数值范围尽量以数学方式表达，例如，“≥30℃”、“<5”等。“大于”“小于”“超过”等理解为不包括本数；“以上”“以下”“以内”等理解为包括本数。

2. 独立权利要求的撰写规定

《专利法实施细则》第二十一条第一款规定：“发明或者实用新型的独立权利要求应当包括前序部分和特征部分，按照下列规定撰写：（一）前序部分：写明要求保护的发明或者实用新型技术方案的主题名称和发明或者实用新型主题与最接近的现有技术共有的必要技术特征；（二）特征部分：使用‘其特征是……’或者类似的用语，写明发明或者实用新型区别于最接近的现有技术的技术特征，这些特征和前序部分写明的特征合在一起，限定发明或者实用新型要求保护的范围。”

独立权利要求的前序部分中，发明或者实用新型主题与最接近的现有技术共有的必要技术特征，是指要求保护的发明或者实用新型技术方案与最接近的一份现有技术文件中所共有的技术特征。在合适的情况下，选用一份与发明或者实用新型要求保护的主题最接近的现有技术文件进行“划界”。

独立权利要求的前序部分，除写明要求保护的发明或者实用新型技术方案的主题名称外，仅需写明那些与发明或实用新型技术方案密切相关的、共有的必要技术特征，而不需要将其他共有特征都写在前序部分中。

独立权利要求的特征部分，应当记载发明或者实用新型的必要技术特征中与最接近的现有技术不同的区别技术特征，这些区别技术特征与前序部分中的技术特征一起，构成发明或者实用新型的全部必要技术特征，限定独立权利要求的保护范围。

将独立权利要求分成以上两部分撰写，其目的在于让公众更清楚地看出独立权利要求的全部技术特征中哪些是发明或者实用新型与最接近的现有技术所共有的技术特征，哪些是发明或者实用新型区别于最接近的现有技术的特征。

《专利法实施细则》同时指出："发明或者实用新型的性质不适于用上述方式撰写的，独立权利要求也可以不分前序部分和特征部分。"

《专利法实施细则》第二十一条第三款又规定："一项发明或者实用新型应当只有一项独立权利要求，并且写在同一发明或者实用新型的从属权利要求之前。"这一规定的本意是为了使权利要求书从整体上看更清楚、更简要。

3. 从属权利要求的撰写规定

《专利法实施细则》第二十二条第一款规定："发明或者实用新型的从属权利要求应当包括引用部分和限定部分，按照下列规定撰写：（一）引用部分：写明引用的权利要求的编号及其主题名称；（二）限定部分：写明发明或者实用新型附加的技术特征。"

从属权利要求的引用部分，应当写明引用的权利要求的编号，并且应当重述引用的权利要求的主题名称。例如，一项从属权利要求的引用部分应当写成"根据权利要求 1 所述的一种声驻波演示装置，……"。

从属权利要求的限定部分，可以对在前的权利要求（独立权利要求或者从属权利要求）中的技术特征进行限定。在前的独立权利要求采用两部分撰写方式的，其后的从属权利要求不仅可以进一步限定该独立权利要求特征部分中的特征，也可以进一步限定前序部分中的特征。

直接或间接从属于某一项独立权利要求的所有从属权利要求都应当写在该独立权利要求之后，另一项独立权利要求之前。

多项从属权利要求，是指引用两项以上权利要求的从属权利要求。多项从属权利要求的引用方式，包括引用在前的独立权利要求和从属权利要求，以及引用在前的几项从属权利要求。

当从属权利要求是多项从属权利要求时，其引用的权利要求的编号应当用“或”或者其他与“或”同义的择一引用方式表达。例如，从属权利要求的引用部分写成下列方式：“根据权利要求1或2所述的……”；“根据权利要求2、4、6或8所述的……”；或者“根据权利要求4至9中任一权利要求所述的……”。

《专利法实施细则》第二十二条第二款规定：“从属权利要求只能引用在前的权利要求。引用两项以上权利要求的多项从属权利要求只能以择一方式引用在前的权利要求，并不得作为被另一项多项从属权利要求引用的基础。”即在后的多项从属权利要求不得引用在前的多项从属权利要求。例如，权利要求3为“根据权利要求1或2所述的摄像机调焦装置，……”，如果多项从属权利要求4写成“根据权利要求1、2或3所述的摄像机调焦装置，……”，则是不允许的，因为被引用的权利要求3是一项多项从属权利要求。

以下是一种声驻波演示装置的权利要求书：

CN 204791700 U　　**权利要求书**　　1/1页

1. 一种声驻波演示装置，包括底座(4)，其特征在于：所述底座(4)包括水槽(42)和支撑架(41)，所述支撑架(41)支撑定位驻波管(1)，所述驻波管(1)的一端封闭，所述驻波管(1)的另一端开口，且所述驻波管的开口端设有一个扬声器(2)，所述驻波管(1)沿长度方向的侧面上间距设有若干小孔(11)，每个所述小孔内对应设有一个吸水管(3)，所述吸水管(3)的一端置于所述水槽(42)的水面以下。

2. 根据权利要求1所述的一种声驻波演示装置，其特征在于：所述底座(4)为与所述水槽(42)的左右两端对应一体成型的两个支撑架(41)，两个所述支撑架(41)支撑所述驻波管(1)的两端。

3. 根据权利要求1所述的一种声驻波演示装置，其特征在于：所述驻波管(1)沿长度方向的侧面上设有一排小孔(11)，且所述小孔(11)等间距排列，每个所述小孔(11)内对应套接一个吸水管(3)。

4. 根据权利要求1所述的一种声驻波演示装置，其特征在于：所述水槽(42)为矩形，所述水槽(42)的左右两个端面上分别设有一个支撑架(41)，每个所述支撑架(41)上设有一个环形卡口(43)，所述驻波管(1)卡合于所述环形卡口(43)中。

5. 根据权利要求1所述的一种声驻波演示装置，其特征在于：所述吸水管(3)呈倾斜状，每一所述吸水管(3)的一端套接于所述驻波管(1)的小孔(11)中，所述吸水管(3)的另一端倾斜向下插入水槽(42)水面以下。

第三节　外观设计专利申请文件的撰写

【课程纲要】

课程目标：让大学生了解申请外观设计专利需要提交的文件。重点掌握请求书的撰写、提供图片或照片的要求。

主要内容：请求书；图片或照片；简要说明。

教学安排：由任课老师确定课程类型及课时。

一项外观设计必须由有权申请的人以书面形式或国家知识产权局规定的其他形式向国家知识产权局提出申请，才有可能取得专利权。这些以书面方式或国家知识产权局规定的其他方式提交的材料称为“专利申请文件”。专利申请文件是一种法律文件。每一种文件有着不同的作用，每一种文件的撰写都有基本的要求，我们必须按照规定认真执行。

《专利法》第二十七条规定：“申请外观设计专利的，应当提交请求书、该外观设计的图片或者照片以及对该外观设计的简要说明等文件。”

一、请 求 书

请求书是申请人表达其申请愿望、记录申请人的基本信息的文件。

专利局统一制作了“外观设计专利请求书”。通过扫描二维码，我们可以看到这份表格。其表格以及填表的注意事项、缴费须知等，可在国家知识产权局网站（http：//www. sipo. gov. cn）下载。

申请人或代理人应当按照其要求认真填写。

按照《专利法实施细则》第十六条的要求，外观设计专利申请的请求书

应当写明下列事项：外观设计的名称、申请人信息、设计人姓名、代理机构信息（如果委托了代理机构）、在先申请的申请日和申请号、申请人或者代理机构的签字或者盖章、申请文件清单、附加文件清单、其他需要写明的有关事项等。简单介绍如下：

1. 产品名称

请求书中写明外观设计的产品名称，要对图片或者照片中表示的外观设计所应用的产品种类具有说明作用。其名称也便于专利文献的查询与检索。

请求书中填写的外观设计的产品名称，要与外观设计图片或者照片中表示的外观设计相符合，且准确、简明地表明要求保护的产品的外观设计。产品名称一般不得超过20个字。

根据《专利审查指南》的规定，产品名称应当避免以下情形：

（1）含有人名、地名、国名、单位名称、商标、代号、型号或以历史时代命名的产品名称；

（2）概括不当、过于抽象的名称，例如“文具”“炊具”“乐器”“建筑用物品”等；

（3）描述技术效果、内部构造的名称，例如“节油发动机”“人体增高鞋垫”“装有新型发动机的汽车”等；

（4）附有产品规格、大小、规模、数量单位的名称，例如“21英寸电视机”“中型书柜”“一副手套”等；

（5）以外国文字或无确定的中文意义的文字命名的名称，例如“克莱斯酒瓶”；但已经众所周知并且含义确定的文字可以使用，例如“DVD播放机”“LED灯”“USB集线器”等。

2. 设计人

设计人应当是个人，请求书中不得填写单位或者集体，例如不得写成“××课题组”等。设计人应当使用本人真实姓名，不得使用笔名或者其他非正式的姓名。有多个设计人的，应当自左向右顺序填写。

设计人可以请求专利局不公布其姓名。提出专利申请时请求不公布设计人姓名的，应当在请求书中的“设计人”一栏中所填写的相应设计人后面注明“(不公布姓名)”。不公布姓名的请求提出之后，经审查认为符合规定的，专利局在专利公报、专利申请单行本、专利单行本以及专利证书中均不公布其姓名，并在相应位置注明“请求不公布姓名”字样，设计人也不得再请求重新公布其姓名。

3. 申请人

外观设计的请求书中的申请人是中国单位或者个人的，应当填写其名称或者姓名、地址、邮政编码、组织机构代码或者居民身份证件号码。

申请人是个人的，应当使用本人真实姓名，不得使用笔名或者其他非正式的姓名。姓名中不应当含有学位、职务等称号，例如××博士、××教授等。请求书中填写的申请人姓名应当与其身份证上的姓名一致。

申请人是单位的，应当使用正式全称，不得使用缩写或者简称。请求书中填写的单位名称应当与所使用的公章上的单位名称一致。

4. 联系人

申请人是单位且未委托专利代理机构的，应当填写联系人，联系人是代替该单位接收专利局所发信函的收件人。联系人应当是本单位的工作人员。申请人为个人且需由他人代收专利局所发信函的，也可以填写联系人。联系人只能填写一人。填写联系人的，还需要同时填写联系人的通信地址、邮政编码和电话号码。

5. 代表人

申请人有两人以上且未委托专利代理机构的，以第一署名申请人为代表人。请求书中另有声明的，所声明的代表人应当是申请人之一。除直接涉及共有权利的手续外，代表人可以代表全体申请人办理在专利局的其他手续。直接涉及共有权利的手续包括：提出专利申请，委托专利代理，转让专利申请权、优先权或者专利权，撤回专利申请，撤回优先权要求，放弃专利权等。直接涉及共有权利的手续应当由全体权利人签字或者盖章。

6. 地址

外观设计的请求书中的地址，包括申请人、专利代理机构、联系人的地址，地址应当符合邮件能够迅速、准确投递的要求。

本国的地址应当包括所在地区的邮政编码，以及省（自治区）、市（自治州）、区、街道门牌号码和电话号码，或者省（自治区）、县（自治县）、镇（乡）、街道门牌号码和电话号码，或者直辖市、区、街道门牌号码和电话号码。地址中可以包含单位名称，但单位名称不得代替地址，例如不得仅填写“××大学”“××省××学院”。

二、图片或者照片

《专利法》第二十七条第二款规定：“申请人提交的有关图片或者照片应当清楚地显示要求专利保护的产品的外观设计。”

外观设计的图片或者照片是确定外观设计保护范围的法律依据。换言之，外观设计专利权的保护范围以表示在图片或者照片中的该产品的外观设计为准。

对立体产品的外观设计，产品设计要点涉及六个面的，应当提交六面正投影视图；产品设计要点仅涉及其中一个或几个面的，应当至少提交所涉及面的正投影视图和立体图，并应当在简要说明中写明省略视图的原因。

对平面产品的外观设计，产品设计要点涉及其中一个面的，可以仅提交该面正投影视图；产品设计要点涉及其中两个面的，应当提交两面正投影视图。

此外，申请人还应当提交该外观设计产品的展开图、剖视图、剖面图、放大图以及变化状态图。申请人也可以提交参考图，参考图通常用于表明使用外观设计的产品的用途、使用方法或者使用场所等。外观设计色彩包括黑白灰系列和彩色系列。对于简要说明中声明请求保护色彩的外观设计专利申请，图片的颜色应当着色牢固、不易褪色。

1. 视图名称及其标注

六面正投影视图的视图名称，是指主视图、后视图、左视图、右视图、俯视图和仰视图。其中主视图所对应的面应当是使用时通常朝向消费者的面或者最大程度反映产品的整体设计的面。例如，图 6－1 茶壶的后视图展示的是壶嘴。

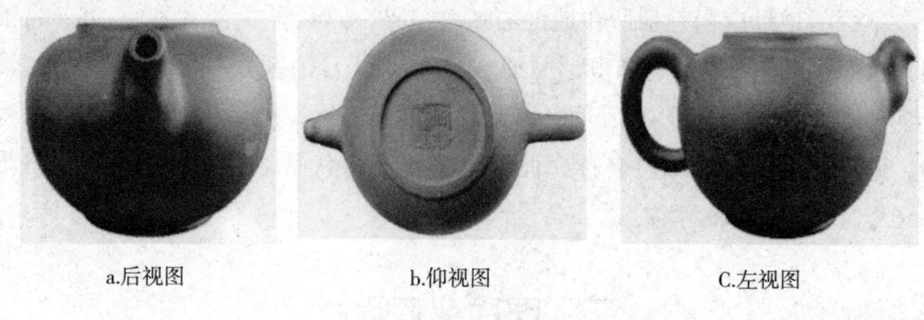

a.后视图　　b.仰视图　　C.左视图

图 6－1　茶壶

各视图的视图名称应当标注在相应视图的正下方。

对于成套产品，应当在其中每件产品的视图名称前以阿拉伯数字顺序编号标注，并在编号前加“套件”字样。例如，对于成套产品中的第 4 套件的主视图，其视图名称为：套件 4 主视图。

对于同一产品的相似外观设计，应当在每个设计的视图名称前以阿拉伯数字顺序编号标注，并在编号前加“设计”字样。例如，设计 1 主视图。

组件产品，是指由多个构件相结合构成的一件产品；分为无组装关系、组装关系唯一或者组装关系不唯一的组件产品。对于组装关系唯一的组件产品，应当提交组合状态的产品视图；对于无组装关系或者组装关系不唯一的组件产品，应当提交各构件的视图，同时在每个构件的视图名称前以阿拉伯数字顺序编号标注，并在编号前加“组件”字样。例如，对于组件产品中的第 3 组件的左视图，其视图名称为：组件 3 左视图。对于有多种变化状态的产品的外观设计，应当在其显示变化状态的视图名称后，以阿拉伯数字顺序编号标注。

2. 图片的绘制

图片应当清楚地表达外观设计。图片应当参照我国技术制图和机械制图国家标准中有关正投影关系、线条宽度以及剖切标记的规定绘制，并应当以粗细均匀的实线表达外观设计的形状。不得以阴影线、指示线、虚线、中心线、尺寸线、点划线等线条表达外观设计的形状。

图片可以用两条平行的双点划线或自然断裂线表示细长物品的省略部分。图面上可以用指示线表示剖切位置和方向、放大部位、透明部位等，但不得有不必要的线条或标记。

图片可以使用包括计算机在内的制图工具绘制，但不得使用铅笔、蜡笔、圆珠笔绘制，也不得使用蓝图、草图、油印件。对于使用计算机绘制的外观设计图片，图面分辨率应当满足清晰的要求。

对于大多数产品而言，线条图、照片和渲染效果图都是适用的，但是基于表达效果和易于理解来说，照片和渲染效果图比线条图更优化。

3. 照片的拍摄

照片的拍摄通常应当遵循正投影规则，避免因透视产生的变形影响产品的外观设计的表达。照片应当清晰，避免因对焦等原因导致产品的外观设计无法清楚地显示。照片应当避免因强光、反光、阴影、倒影等影响产品的外观设计的表达。

照片背景应当单一，避免出现该外观设计产品以外的其他内容。产品和背景应有适当的明度差，以清楚地显示产品的外观设计。

照片中的产品通常应当避免包含内装物或者衬托物，但对于必须依靠内装物或者衬托物才能清楚地显示产品的外观设计时，则允许保留内装物或者衬托物。

三、简要说明

简要说明是对图片或者照片的进一步解释和说明。

《专利法实施细则》第二十八条规定："外观设计的简要说明应当写明外观设计产品的名称、用途、外观设计的设计要点，并指定一幅最能表明外观设计的要点的图片或者照片。省略视图或者请求色彩保护的，应当在简要说明中写明。"

简要说明应当包括以下内容：

1. 名称

简要说明中的产品名称应当与请求书中的产品名称一致。

2. 用途

简要说明中应当写明有助于确定产品类别的用途。对于具有多种用途的产品，简要说明应当写明所述产品的多种用途。

3. 设计要点

设计要点是指与现有设计相区别的产品的形状、图案及其结合，或者色彩与形状、图案的结合，或者部位。对设计要点的描述应当简明扼要。

指定的图片或者照片用于出版专利公报。

此外，下列几种情形也应当在简要说明中予以写明：

（1）请求保护色彩的情况：如果外观设计专利申请请求保护色彩，应当在简要说明中声明。

（2）省略视图的情况：如果外观设计专利申请省略了视图，申请人通常应当写明省略视图的具体原因。例如：因对称或者相同而省略；如果难以写明的，也可仅写明省略某视图，如果大型设备缺少仰视图，可以写为“省略仰视图”。

（3）对同一产品的多项相似外观设计提出一件外观设计专利申请的，应当在简要说明中指定其中一项作为基本设计。

（4）对于花布、壁纸等平面产品，必要时应当描述平面产品中的单元图案两方连续或者四方连续等无限定边界的情况。

（5）对于细长物品，必要时应当写明细长物品的长度采用省略画法。

（6）如果产品的外观设计由透明材料或者具有特殊视觉效果的新材料制成，必要时应当在简要说明中写明。

（7）如果外观设计产品属于成套产品，必要时应当写明各套件所对应的产品名称。

《专利法实施细则》第二十八条又规定：“简要说明不得使用商业性宣传用语，也不能用来说明产品的性能。”

参考文献

1. 王晓进．大学生创新理论与实践［M］．北京：科学出版社，2014.

2. 郭绍生．大学生创新能力训练［M］．上海：同济大学出版社，2010.

3. 王莹．大学生创新能力现状调查分析及对策研究［J］．内蒙古师范大学学报（教育科学版），2009，(5)：77-80.

4. 王胜利，刘义．图解专利法［M］．北京：知识产权出版社，2010.

5. 国家知识产权局条法司．专利法研究［M］．北京：知识产权出版社，2013.

6. 陈黄祥．大学生发明创造与专利申请［M］．北京：化学工业出版社，2008.

7. 赵惠田．发明创造技法［M］．北京：科学普及出版社，1988.

8. 杨世伟．例说几种创新技法［J］．发明与创新（综合版），2006，(7)：12-13.

9. 杨杰民，杨宇．发明学［M］．合肥：合肥工业大学出版社，2007.

10. 谢新洲，李永进．科技查新与创新评估［M］．北京：北京科学技术出版社，2008.

11. 国家知识产权局条法司．2013 年全国专利代理人资格考试试题解析［M］．北京：知识产权出版社，2014.

12. 陈坤杰，张伟林．大学生科研训练教程［M］．合肥：合肥工业大学出版社，2009.